国家出版基金项目
NATIONAL PUBLICATION FOUNDATION

"十四五"时期国家重点出版物出版专项规划项目
中国建造关键技术创新与应用丛书

会展建筑工程建造关键施工技术

肖绪文　蒋立红　张晶波　黄　刚　等　编

中国建筑工业出版社

图书在版编目（CIP）数据

会展建筑工程建造关键施工技术 / 肖绪文等编. —
北京 ：中国建筑工业出版社，2023.12
（中国建造关键技术创新与应用丛书）
ISBN 978-7-112-29459-6

Ⅰ. ①会… Ⅱ. ①肖… Ⅲ. ①展览馆－工程施工
Ⅳ. ①TU242.5

中国国家版本馆 CIP 数据核字（2023）第 244708 号

　　本书结合实际会展工程建设情况，收集大量相关资料，对会展建筑的建设特点、施工技术、施工管理等进行系统、全面的统计，加以提炼，通过已建项目的施工经验，紧抓会展建筑的特点以及施工技术难点，从会展建筑的功能形态特征、关键施工技术、专项施工技术三个层面进行研究，形成一套系统的会展建筑建造技术，并遵循集成技术开发思路，围绕会展建筑建设，分篇章对其进行总结介绍，共包括 11 项关键技术、12 项专项技术，并且提供 6 个工程案例辅以说明。本书适合于建筑施工领域技术、管理人员参考使用。

责任编辑：杨　杰　范业庶　万　李
责任校对：姜小莲
校对整理：李辰馨

中国建造关键技术创新与应用丛书
会展建筑工程建造关键施工技术
肖绪文　蒋立红　张晶波　黄　刚　等 编
*
中国建筑工业出版社出版、发行（北京海淀三里河路 9 号）
各地新华书店、建筑书店经销
北京红光制版公司制版
北京中科印刷有限公司印刷
*
开本：787 毫米×960 毫米　1/16　印张：15　字数：237 千字
2023 年 12 月第一版　　2023 年 12 月第一次印刷
定价：**55.00** 元
ISBN 978-7-112-29459-6
（41736）

《中国建造关键技术创新与应用丛书》
编 委 会

《会展建筑工程建造关键施工技术》
编 委 会

《中国建造关键技术创新与应用丛书》
编者的话

一、初心

　　"十三五"期间，我国建筑业改革发展成效显著，全国建筑业增加值年均增长 5.1%，占国内生产总值比重保持在 6.9% 以上。2022 年，全国建筑业总产值近 31.2 万亿元，房屋施工面积 156.45 亿 m^2，建筑业从业人数 5184 万人。建筑业作为国民经济支柱产业的作用不断增强，为促进经济增长、缓解社会就业压力、推进新型城镇化建设、保障和改善人民生活作出了重要贡献，中国建造也与中国创造、中国制造共同发力，不断改变着中国面貌。

　　建筑业在为社会发展作出巨大贡献的同时，仍然存在资源浪费、环境污染、碳排放高、作业条件差等显著问题，建筑行业工程质量发展不平衡不充分的矛盾依然存在，随着国民生活水平的快速提升，全面建成小康社会也对工程建设产品和服务提出了新的要求，因此，建筑业实现高质量发展更为重要紧迫。

　　众所周知，工程建造是工程立项、工程设计与工程施工的总称，其中，对于建筑施工企业，更多涉及的是工程施工活动。在不同类型建筑的施工过程中，由于工艺方法、作业人员水平、管理质量的不同，导致建筑品质总体不高、工程质量事故时有发生。因此，亟须建筑施工行业，针对各种不同类别的建筑进行系统集成技术研究，形成成套施工技术，指导工程实践，以提高工程品质，保障工程安全。

　　中国建筑集团有限公司（简称"中建集团"），是我国专业化发展最久、市场化经营最早、一体化程度最高、全球规模最大的投资建设集团。2022 年，中建集团位居《财富》"世界 500 强"榜单第 9 位，连续位列《财富》"中国 500 强"前 3 名，稳居《工程新闻记录》（ENR）"全球最大 250 家工程承包商"榜单首位，连续获得标普、穆迪、惠誉三大评级机构 A 级信用评级。近年来，随着我国城市化进程的快速推进和经济水平的迅速增长，中建集团下属各单位在航站楼、会展建筑、体育场馆、大型办公建筑、医院、制药厂、污水处理厂、居住建筑、建筑工程装饰装修、城市综合管廊等方面，承接了一大批国内外具有代表性的地标性工程，积累了丰富的施工管理经验，针对具体施工工艺，研究形成了许多卓有成效的新型施工技术，成果应用效果明显。然而，这些成果仍然分散在各个单位，应用水平参差不齐，难能实现资源共享，更不能在行业中得到广泛应用。

基于此，一个想法跃然而生：集中中建集团技术力量，将上述施工技术进行集成研究，形成针对不同工程类型的成套施工技术，可以为工程建设提供全方位指导和借鉴作用，为提升建筑行业施工技术整体水平起到至关重要的促进作用。

二、实施

初步想法形成以后，如何实施，怎样达到预期目标，仍然存在诸多困难：一是海量的工程数据和技术方案过于繁杂，资料收集整理工程量巨大；二是针对不同类型的建筑，如何进行归类、分析，形成相对标准化的技术集成，有效指导基层工程技术人员的工作难度很大；三是该项工作标准要求高，任务周期长，如何组建团队，并有效地组织完成这个艰巨的任务面临巨大挑战。

随着国家科技创新力度的持续加大和中建集团的高速发展，我们的想法得到了集团领导的大力支持，集团决定投入专项研发经费，对科技系统下达了针对"房屋建筑、污水处理和管廊等工程施工开展系列集成技术研究"的任务。

接到任务以后，如何出色完成呢？

首先是具体落实"谁来干"的问题。我们分析了集团下属各单位长期以来在该领域的技术优势，并在广泛征求意见的基础上，确定了"在集团总部主导下，以工程技术优势作为相应工程类别的课题牵头单位"的课题分工原则。具体分工是：中建八局负责航站楼；中建五局负责会展建筑；中建三局负责体育场馆；中建四局负责大型办公建筑；中建一局负责医院；中建二局负责制药厂；中建六局负责污水处理厂；中建七局负责居住建筑；中建装饰负责建筑装饰装修；中建集团技术中心负责城市综合管廊建筑。组建形成了由集团下属二级单位总工程师作课题负责人，相关工程项目经理和总工程师为主要研究人员，总人数达 300 余人的项目科研团队。

其次是确定技术路线，明确如何干的问题。通过对各类建筑的施工组织设计、施工方案和技术交底等指导施工的各类文件的分析研究发现，工程施工项目虽然千差万别，但同类技术文件的结构大多相同，内容的重复性大多占有主导地位，因此，对这些文件进行标准化处理，把共性技术和内容固化下来，这将使复杂的投标方案、施工组织设计、施工方案和技术交底等文件的编制变得相对简单。

根据之前的想法，结合集团的研发布局，初步确定该项目的研发思路为：全面收集中建集团及其所属单位完成的航站楼、会展建筑、体育场馆、大型办公建筑、医院、制药厂、污水处理厂、居住建筑、建筑工程装饰装修、城市综合管廊十大系列项目的所有资料，分析各类建筑的施工特点，总结其施工组织和部署的内在规律，提出该类建筑的技术对策。同时，对十大系列项目的施工组织设计、施工方案、工法等技术资源进行收集和梳理，将其系统化、标准化，以指导相应的工程项目投标和实施，提高项目运行的效率及质量。据此，针对不同工程特点选择适当的方案和技术是一种相对高效的方法，可有效减少工程项目技术人员从事繁杂的重复性劳动。

项目研究总体分为三个阶段：

第一阶段是各类技术资源的收集整理。项目组各成员对中建集团所有施工项目进行资料收集，并分类筛选。累计收集各类技术标文件 381 份，施工组织设计 269 份，项目施工图 206 套，施工方案 3564 篇，工法 547 项，专利 241 篇，论文若干，充分涵盖了十大类工程项目的施工技术。

第二阶段是对相应类型工程项目进行分析研究。由课题负责人牵头，集合集团专业技术人员优势能力，完成对不同类别工程项目的分析，识别工程特点难点，对关键技术、专项技术和一般技术进行分类，找出相应规律，形成相应工程实施的总体部署要点和组织方法。

第三阶段是技术标准化。针对不同类型工程项目的特点，对提炼形成的关键施工技术和专项施工技术进行系统化和规范化，对技术资料进行统一性要求，并制作相关文档资料和视频影像数据库。

基于科研项目层面，对课题完成情况进行深化研究和进一步凝练，最终通过工程示范，检验成果的可实施性和有效性。

通过五年多时间，各单位按照总体要求，研编形成了本套丛书。

三、成果

十年磨剑终成锋，根据系列集成技术的研究报告整理形成的本套丛书终将面世。丛书依据工程功能类型分为：航站楼、会展建筑、体育场馆、大型办公建筑、医院、制药厂、污水处理厂、居住建筑、建筑工程装饰装修、城市综合管廊十大系列，每一系列单独成册，每册包含概述、功能形态特征研究、关键技术研究、专项技术研究和工程案例五个章节。其中，概述章节主要介绍项目的发展概况和研究简介；功能形态特征研究章节对项目的特点、施工难点进行了分析；关键技术研究和专项技术研究章节针对项目施工过程中各类创新技术进行了分类总结提炼；工程案例章节展现了截至目前最新完成的典型工程项目。

1.《航站楼工程建造关键施工技术》

随着经济的发展和国家对基础设施投资的增加，机场建设成为国家投资的重点，机场除了承担其交通作用外，往往还肩负着代表一个城市形象、体现地区文化内涵的重任。该分册集成了国内近十年绝大多数大型机场的施工技术，提炼总结了针对航站楼的 17 项关键施工技术、9 项专项施工技术。同时，形成省部级工法 33 项、企业工法 10 项，获得专利授权 36 项，发表论文 48 篇，收录典型工程实例 20 个。

针对航站楼工程智能化程度要求高、建筑平面尺寸大等重难点，总结了17 项关键施工技术：

- 装配式塔式起重机基础技术
- 机场航站楼超大承台施工技术
- 航站楼钢屋盖滑移施工技术

- 航站楼大跨度非稳定性空间钢管桁架"三段式"安装技术

- 航站楼"跨外吊装、拼装胎架滑移、分片就位"施工技术

- 航站楼大跨度等截面倒三角弧形空间钢管桁架拼装技术

- 航站楼大跨度变截面倒三角空间钢管桁架拼装技术

- 高大侧墙整体拼装式滑移模板施工技术

- 航站楼大面积曲面屋面系统施工技术

- 后浇带与膨胀剂综合用于超长混凝土结构施工技术

- 跳仓法用于超长混凝土结构施工技术

- 超长、大跨、大面积连续预应力梁板施工技术

- 重型盘扣架体在大跨度渐变拱形结构施工中的应用

- BIM机场航站楼施工技术

- 信息系统技术

- 行李处理系统施工技术

- 安检信息管理系统施工技术

针对屋盖造型奇特、机电信息系统复杂等特点，总结了9项专项施工技术：

- 航站楼钢柱混凝土顶升浇筑施工技术

- 隔震垫安装技术

- 大面积回填土注浆处理技术

- 厚钢板异形件下料技术

- 高强度螺栓施工、检测技术

- 航班信息显示系统（含闭路电视系统、时钟系统）施工技术

- 公共广播、内通及时钟系统施工技术

- 行李分拣机安装技术

- 航站楼工程不停航施工技术

2.《会展建筑工程建造关键施工技术》

随着经济全球化进一步加速，各国之间的经济、技术、贸易、文化等往来日益频繁，为会展业的发展提供了巨大的机遇，会展业涉及的范围越来越广，

规模越来越大，档次越来越高，在社会经济中的影响也越来越大。该分册集成了30余个会展建筑的施工技术，提炼总结了针对会展建筑的11项关键施工技术、12项专项施工技术。同时，形成国家标准1部、施工技术交底102项、工法41项、专利90项，发表论文129篇，收录典型工程实例6个。

针对会展建筑功能空间大、组合形式多、屋面造型新颖独特等特点，总结了11项关键施工技术：

- 大型复杂建筑群主轴线相关性控制施工技术
- 轻型井点降水施工技术
- 吹填砂地基超大基坑水位控制技术
- 超长混凝土墙面无缝施工及综合抗裂技术
- 大面积钢筋混凝土地面无缝施工技术
- 大面积钢结构整体提升技术
- 大跨度空间钢结构累积滑移技术
- 大跨度钢结构旋转滑移施工技术
- 钢骨架玻璃幕墙设计施工技术
- 拉索式玻璃幕墙设计施工技术
- 可开启式天窗施工技术

针对测量定位、大跨度（钢）结构、复杂幕墙施工等重难点，总结了12项专项施工技术：

- 大面积软弱地基处理技术
- 大跨度混凝土结构预应力技术
- 复杂空间钢结构高空原位散件拼装技术
- 穹顶钢—索膜结构安装施工技术
- 大面积金属屋面安装技术
- 金属屋面节点防水施工技术
- 大面积屋面虹吸排水系统施工技术
- 大面积异形地面铺贴技术

- 大空间吊顶施工技术

- 大面积承重耐磨地面施工技术

- 饰面混凝土技术

- 会展建筑机电安装联合支吊架施工技术

3.《体育场馆工程建造关键施工技术》

体育比赛现今作为国际政治、文化交流的一种依托，越来越受到重视，同时，我国体育事业的迅速发展，带动了体育场馆的建设。该分册集成了中建集团及其所属企业完成的绝大多数体育场馆的施工技术，提炼总结了针对体育场馆的 16 项关键施工技术、17 项专项施工技术。同时，形成国家级工法 15 项、省部级工法 32 项、企业工法 26 项、专利 21 项，发表论文 28 篇，收录典型工程实例 15 个。

为了满足各项赛事的场地高标准需求（如赛场平整度、光线满足度、转播需求等），总结了 16 项关键施工技术：

- 复杂（异形）空间屋面钢结构测量及变形监测技术

- 体育场看台依山而建施工技术

- 大截面 Y 形柱施工技术

- 变截面 Y 形柱施工技术

- 高空大直径组合式 V 形钢管混凝土柱施工技术

- 异形尖劈柱施工技术

- 永久模板混凝土斜扭柱施工技术

- 大型预应力环梁施工技术

- 大悬挑钢桁架预应力拉索施工技术

- 大跨度钢结构滑移施工技术

- 大跨度钢结构整体提升技术

- 大跨度钢结构卸载技术

- 支撑胎架设计与施工技术

- 复杂空间管桁架结构现场拼装技术

- 复杂空间异形钢结构焊接技术

- ETFE 膜结构施工技术

为了更好地满足观赛人员的舒适度，针对体育场馆大跨度、大空间、大悬挑等特点，总结了 17 项专项施工技术：

- 高支模施工技术

- 体育馆木地板施工技术

- 游泳池结构尺寸控制技术

- 射击馆噪声控制技术

- 体育馆人工冰场施工技术

- 网球场施工技术

- 塑胶跑道施工技术

- 足球场草坪施工技术

- 国际马术比赛场施工技术

- 体育馆吸声墙施工技术

- 体育场馆场地照明施工技术

- 显示屏安装技术

- 体育场馆智能化系统集成施工技术

- 耗能支撑加固安装技术

- 大面积看台防水装饰一体化施工技术

- 体育场馆标识系统制作及安装技术

- 大面积无损拆除技术

4. 《大型办公建筑工程建造关键施工技术》

随着现代城市建设和城市综合开发的大幅度前进，一些大城市尤其是较为开放的城市在新城区规划设计中，均加入了办公建筑及其附属设施（即中央商务区/CBD）。该分册全面收集和集成了中建集团及其所属企业完成的大型办公建筑的施工技术，提炼总结了针对大型办公建筑的 16 项关键施工技术、28 项专项施工技术。同时，形成适用于大型办公建筑施工的专利共 53 项、工法 12

项，发表论文 65 篇，收录典型工程实例 9 个。

针对大型办公建筑施工重难点，总结了 16 项关键施工技术：

- 大吨位长行程油缸整体顶升模板技术
- 箱形基础大体积混凝土施工技术
- 密排互嵌式挖孔方桩墙逆作施工技术
- 无粘结预应力抗拔桩桩侧后注浆技术
- 斜扭钢管混凝土柱抗剪环形梁施工技术
- 真空预压＋堆载振动碾压加固软弱地基施工技术
- 混凝土支撑梁减振降噪微差控制爆破拆除施工技术
- 大直径逆作板墙深井扩底灌注桩施工技术
- 超厚大斜率钢筋混凝土剪力墙爬模施工技术
- 全螺栓无焊接工艺爬升式塔式起重机支撑牛腿支座施工技术
- 直登顶模平台双标准节施工电梯施工技术
- 超高层高适应性绿色混凝土施工技术
- 超高层不对称钢悬挂结构施工技术
- 超高层钢管混凝土大截面圆柱外挂网抹浆防护层施工技术
- 低压喷涂绿色高效防水剂施工技术
- 地下室梁板与内支撑合一施工技术

为了更好利用城市核心区域的土地空间，打造高端的知名品牌，大型办公建筑一般为高层或超高层项目，基于此，总结了 28 项专项施工技术：

- 大型地下室综合施工技术
- 高精度超高测量施工技术
- 自密实混凝土技术
- 超高层导轨式液压爬模施工技术
- 厚钢板超长立焊缝焊接技术
- 超大截面钢柱陶瓷复合防火涂料施工技术
- PVC 中空内模水泥隔墙施工技术

- 附着式塔式起重机自爬升施工技术

- 超高层建筑施工垂直运输技术

- 管理信息化应用技术

- BIM 施工技术

- 幕墙施工新技术

- 建筑节能新技术

- 冷却塔的降噪施工技术

- 空调水蓄冷系统蓄冷水池保温、防水及均流器施工技术

- 超高层高适应性混凝土技术

- 超高性能混凝土的超高泵送技术

- 超高层施工期垂直运输大型设备技术

- 基于 BIM 的施工总承包管理系统技术

- 复杂多角度斜屋面复合承压板技术

- 基于 BIM 的钢结构预拼装技术

- 深基坑旧改项目利用旧地下结构作为支撑体系换撑快速施工技术

- 新型免立杆铝模支撑体系施工技术

- 工具式定型化施工电梯超长接料平台施工技术

- 预制装配化压重式塔式起重机基础施工技术

- 复杂异形蜂窝状高层钢结构的施工技术

- 中风化泥质白云岩大筏板基础直壁开挖施工技术

- 深基坑双排双液注浆止水帷幕施工技术

5.《医院工程建造关键施工技术》

由于我国医疗卫生事业的发展，许多医院都先后进入"改善医疗环境"的建设阶段，各地都在积极改造原有医院或兴建新型的现代医疗建筑。该分册集成了中建集团及其所属企业完成的医院的施工技术，提炼总结了针对医院的 7 项关键施工技术、7 项专项施工技术。同时，形成工法 13 项，发表论文 7 篇，收录典型工程实例 15 个。

针对医院各功能板块的使用要求，总结了7项关键施工技术：

- 洁净施工技术
- 防辐射施工技术
- 医院智能化控制技术
- 医用气体系统施工技术
- 酚醛树脂板干挂法施工技术
- 橡胶卷材地面施工技术
- 内置钢丝网架保温板（IPS板）现浇混凝土剪力墙施工技术

针对医院特有的洁净要求及通风光线需求，总结了7项专项施工技术：

- 给水排水、污水处理施工技术
- 机电工程施工技术
- 外墙保温装饰一体化板粘贴施工技术
- 双管法高压旋喷桩加固抗软弱层位移施工技术
- 构造柱铝合金模板施工技术
- 多层钢结构双向滑动支座安装技术
- 多曲神经元网壳钢架加工与安装技术

6.《制药厂工程建造关键施工技术》

随着人民生活水平的提高，对药品质量的要求也日益提高，制药厂越来越多。该分册集成了15个制药厂的施工技术，提炼总结了针对制药厂的6项关键施工技术、4项专项施工技术。同时，形成论文和总结18篇、施工工艺标准9篇，收录典型工程实例6个。

针对制药厂高洁净度的要求，总结了6项关键施工技术：

- 地面铺贴施工技术
- 金属壁施工技术
- 吊顶施工技术
- 洁净环境净化空调技术
- 洁净厂房的公用动力设施

● 洁净厂房的其他机电安装关键技术

针对洁净环境的装饰装修、机电安装等功能需求，总结了 4 项专项施工技术：

● 洁净厂房锅炉安装技术

● 洁净厂房污水、有毒液体处理净化技术

● 洁净厂房超精地坪施工技术

● 制药厂防水、防潮技术

7.《污水处理厂工程建造关键施工技术》

节能减排是当今世界发展的潮流，也是我国国家战略的重要组成部分，随着城市污水排放总量逐年增多，污水处理厂也越来越多。该分册集成了中建集团及其所属企业完成的污水处理厂的施工技术，提炼总结了针对污水处理厂的 13 项关键施工技术、4 项专项施工技术。同时，形成国家级工法 3 项、省部级工法 8 项，申请国家专利 14 项，发表论文 30 篇，完成著作 2 部，QC 成果获国家建设工程优秀质量管理小组 2 项，形成企业标准 1 部、行业规范 1 部，收录典型工程实例 6 个。

针对不同污水处理工艺和设备，总结了 13 项关键施工技术：

● 超大面积、超薄无粘结预应力混凝土施工技术

● 异形沉井施工技术

● 环形池壁无粘结预应力混凝土施工技术

● 超高独立式无粘结预应力池壁模板及支撑系统施工技术

● 顶管施工技术

● 污水环境下混凝土防腐施工技术

● 超长超高剪力墙钢筋保护层厚度控制技术

● 封闭空间内大方量梯形截面素混凝土二次浇筑施工技术

● 有水管道新旧钢管接驳施工技术

● 乙丙共聚蜂窝式斜管在沉淀池中的应用技术

● 滤池内滤板模板及曝气头的安装技术

- 水工构筑物橡胶止水带引发缝施工技术

- 卵形消化池综合施工技术

为了满足污水处理厂反应池的结构要求，总结了 4 项专项施工技术：

- 大型露天水池施工技术

- 设备安装技术

- 管道安装技术

- 防水防腐涂料施工技术

8.《居住建筑工程建造关键施工技术》

在现代社会的城市建设中，居住建筑是占比最大的建筑类型，近年来，全国城乡住宅每年竣工面积达到 12 亿～14 亿 m^2，投资额接近万亿元，约占全社会固定资产投资的 20%。该分册集成了中建集团及其所属企业完成的居住建筑的施工技术，提炼总结了居住建筑的 13 项关键施工技术、10 项专项施工技术。同时，形成国家级工法 8 项、省部级工法 23 项；申请国家专利 38 项，其中发明专利 3 项；发表论文 16 篇；收录典型工程实例 7 个。

针对居住建筑的分部分项工程，总结了 13 项关键施工技术：

- SI 住宅配筋清水混凝土砌块砌体施工技术

- SI 住宅干式内装系统墙体管线分离施工技术

- 装配整体式约束浆锚剪力墙结构住宅节点连接施工技术

- 装配式环筋扣合锚接混凝土剪力墙结构体系施工技术

- 地源热泵施工技术

- 顶棚供暖制冷施工技术

- 置换式新风系统施工技术

- 智能家居系统

- 预制保温外墙免支模一体化技术

- CL 保温一体化与铝模板相结合施工技术

- 基于铝模板爬架体系外立面快速建造施工技术

- 强弱电箱预制混凝土配块施工技术

● 居住建筑各功能空间的主要施工技术

10 项专项施工技术包括：

● 结构基础质量通病防治

● 混凝土结构质量通病防治

● 钢结构质量通病防治

● 砖砌体质量通病防治

● 模板工程质量通病防治

● 屋面质量通病防治

● 防水质量通病防治

● 装饰装修质量通病防治

● 幕墙质量通病防治

● 建筑外墙外保温质量通病防治

9.《建筑工程装饰装修关键施工技术》

随着国民消费需求的不断升级和分化，我国的酒店业正在向着更加多元的方向发展，酒店也从最初的满足住宿功能阶段发展到综合提升用户体验的阶段。该分册集成了中建集团及其所属企业完成的高档酒店装饰装修的施工技术，提炼总结了建筑工程装饰装修的 7 项关键施工技术、7 项专项施工技术。同时，形成工法 23 项；申请国家专利 15 项，其中发明专利 2 项；发表论文 9 篇；收录典型工程实例 14 个。

针对不同装饰部位及工艺的特点，总结了 7 项关键施工技术：

● 多层木造型艺术墙施工技术

● 钢结构玻璃罩扣幻光穹顶施工技术

● 整体异形（透光）人造石施工技术

● 垂直水幕系统施工技术

● 高层井道系统轻钢龙骨石膏板隔墙施工技术

● 锈面钢板施工技术

● 隔振地台施工技术

为了提升住户体验，总结了7项专项施工技术：

- 地面工程施工技术
- 吊顶工程施工技术
- 轻质隔墙工程施工技术
- 涂饰工程施工技术
- 裱糊与软包工程施工技术
- 细部工程施工技术
- 隔声降噪施工关键技术

10.《城市综合管廊工程建造关键施工技术》

为了提高城市综合承载力，解决城市交通拥堵问题，同时方便电力、通信、燃气、供排水等市政设施的维护和检修，城市综合管廊越来越多。该分册集成了中建集团及其所属企业完成的城市综合管廊的施工技术，提炼总结了10项关键施工技术、10项专项施工技术，收录典型工程实例8个。

针对城市综合管廊不同的施工方式，总结了10项关键施工技术：

- 模架滑移施工技术
- 分离式模板台车技术
- 节段预制拼装技术
- 分块预制装配技术
- 叠合预制装配技术
- 综合管廊盾构过节点井施工技术
- 预制顶推管廊施工技术
- 哈芬槽预埋施工技术
- 受限空间管道快速安装技术
- 预拌流态填筑料施工技术

10项专项施工技术包括：

- U形盾构施工技术
- 两墙合一的预制装配技术

- 大节段预制装配技术

- 装配式钢制管廊施工技术

- 竹缠绕管廊施工技术

- 喷涂速凝橡胶沥青防水涂料施工技术

- 火灾自动报警系统安装技术

- 智慧线＋机器人自动巡检系统施工技术

- 半预制装配技术

- 内部分舱结构施工技术

四、感谢与期望

该项科技研发项目针对十大类工程形成的系列集成技术，是中建集团多年来经验和优势的体现，在一定程度上展示了中建集团的综合技术实力和管理水平。

不忘初心，牢记使命。希望通过本套丛书的出版发行，一方面可帮助企业减轻投标文件及实施性技术文件的编制工作量，提升效率；另一方面为企业生产专业化、管理标准化提供技术支撑，进而逐步改变施工企业之间技术发展不均衡的局面，促进我国建筑业高质量发展。

在此，非常感谢奉献自己研究成果，并付出巨大努力的相关单位和广大技术人员，同时要感谢在系列集成技术研究成果基础上，为编撰本套丛书提供支持和帮助的行业专家。我们愿意与各位行业同仁一起，持续探索，为中国建筑业的发展贡献微薄之力。

考虑到本项目研究涉及面广，研究时间持续较长，研究人员变化较大，研究水平也存在较大差异，我们在出版前期尽管做了许多完善凝练的工作，但还是存在许多不尽如意之处，诚请业内专家斧正，我们不胜感激。

编委会

北京　2023 年

前　　言

进入 21 世纪以来，经济全球化进一步加速，各国之间的经济、技术、贸易、文化等往来日益频繁，为全球会展业的发展提供了巨大的机遇。会展业产业链长、产业关联度大，带动了交通、旅游、餐饮、住宿、通信、邮政、商业、物流等行业的发展，被称为"朝阳产业""无烟产业"，并且正以每年20％的平均速度递增。会展建筑作为承载会展业的基础硬件设施，其建设数量、建设规模极快地增长，而且以其鲜明的时代特征、广阔的全球视野被视为城市建设的标志性构成要素之一，对城市的功能、环境有巨大的影响力。会展建筑的发展与建筑业自身的进步紧密相关，它不仅运用当代建筑领域最新的技术、材料和设计理念，而且还在运用过程中促进它们迈向更高的发展阶段。

中国建筑第五工程局有限公司根据市场需要持续转型升级，沿产业链上伸下延，构建了"投资、研发、设计、建造、运营"五位一体的全产业链优势，先后承担或参与国内多个会展建筑建设项目，包括福州海峡国际会展中心、南宁国际会展中心、深圳会展中心等，在会展建筑建设方面积累了丰富的经验。

为更好地服务和促进会展建筑的建设发展，中国建筑股份有限公司组织骨干力量，结合实际会展建筑建设情况，收集大量相关资料，对会展建筑的建设特点、施工技术、施工管理等进行系统、全面的统计，加以提炼，形成成套集成技术。

本书着重介绍了成套施工技术中的关键技术、专项技术，形成完整的施工操作手册，可共享会展建筑施工技术成果。本书可作为技术工具书，服务我国建筑工业基层单位与现场工作人员，可为会展建筑建设提供全方位指导和借鉴，对推进会展建筑建造技术的整体水平起到非常重要的作用，为我国会展建筑行业发展作出贡献。

在本书的编写过程中，参考了国内外学者或工程师的著作和资料，在此谨向他们表示衷心的感谢。限于作者水平和条件，书中难免存在不妥和疏漏之处，恳请广大读者批评指正。

目　　录

1 概　　述

1.1　会展建筑概要

会展业是指以组织展览、举办会议并提供相关服务活动为核心目的的社会群体聚集活动的总称。进入 21 世纪以来，经济全球化进一步加速，各国之间的经济、技术、贸易、文化等往来日益频繁，为全球会展业的发展提供了巨大的机遇。会展业涉及的范围越来越广，规模越来越大，档次越来越高，在社会经济中的影响也越来越大。会展业是一个新兴的服务行业，影响面广，关联度高。会展经济逐步发展成为新的增长点，而且会展业是发展潜力大的行业之一，可带动交通、旅游、餐饮、住宿、通信、邮政、商业、物流等行业的发展，拉动经济上万亿元，被称为"朝阳产业""无烟产业"。会展业归纳起来具有下列特点：效益性高、联动性高、导向性强、凝聚性好、专业性浓、交融性大。《中国展览经济发展报告（2021）》显示，2021 年中国展览业还呈现出展览馆市场规模保持微弱增势。

会展对社会经济发展有巨大的作用，主要体现在：

（1）对当地经济的巨大拉动作用。一方面，会展业本身是高收入、高盈利的行业，对会展组织方而言，会展利润一般超过 25％，有的甚至高达 50％；另一方面，会展业对其他行业有巨大的拉动效应，根据有关统计表明，一个好的会展对经济拉动效应能达到 1∶9，甚至更高。

（2）增加就业机会。会展业作为服务业，直接、间接涉及的行业很多，因而就业乘数效应显著，能够吸纳较大数量的就业人员。

（3）提升举办城市知名度。会展业是联系城市与世界的桥梁，会展活动可以展示城市形象，提高城市在国内、国际上的知名度。

（4）对城市基础设施建设的带动作用。会展是一种大型的群体活动，它要求有符合条件的会展场所，有一定接待能力、高中低档相配合的旅行社和酒店，便捷的交通、通信、安全保障体系以及优雅的旅游景点等。发展会展业，首先就需要进行这些城市基础设施的建设，故会展业对基础设施的建设有极大的推动作用。

会展建筑作为承载会展业的基础硬件设施，是指由展览设施、一定规模的会议设施以及一些辅助设施共同组成的一种建筑综合体。随着会展业的发展，会展建筑也飞速发展，不仅在建设数量、建设规模上极快地增长，而且以其鲜明的时代特征、广阔的全球视野被视为城市建设的标志性构成要素之一，对城市的功能、环境有巨大的影响力。

会展建筑具有重要的社会价值与意义，主要表现在：第一，在全球经济一体化和地方经济特色化发展的宏观背景下，会展建筑与会展业的关联性相比从前更为紧密、更为重要，它不但促进了会展业的成长，而且还间接地推动了全球经济和地方经济的发展，因此它具有显著的经济助推器作用。第二，会展建筑作为举办展览会以及其他文化活动的载体，可以促进人与人之间的广泛交流，增进人们之间的情感；特别是在信息网络技术盛行的当今时代，它在社会文化发展方面更能发挥出无可比拟的价值。第三，会展建筑不仅是城市用来举办会展活动的重要平台，它还是城市赖以丰富大众文化生活，优化服务功能设施，改善城市空间环境的重要资源，因此它对城市的建设发展显现出综合性的推动价值。

2021年我国大型展览场馆建设步伐逆势加快。2021年，全国展览馆数量151个，同比增长约1.3%。会展建筑由于其特殊的使用要求，功能设施繁多，建筑造型复杂，空间体量巨大，对设计、施工都提出了很高的要求。特别是在施工方面，工程量大、技术要求高、资源投入大、工期紧、组织协调困难等问题，一直是会展建筑施工中必须面对和解决的难题。本书研究的目标，就是通过对现有会展建筑施工中的施工技术及组织管理成果进行提炼集成，总结出解决这些难题的切实可行的方案、方法，实现施工组织设计、施工方案和技术交

底的快速编写，使业主快速了解企业在该领域的综合能力和优势技术，为生产
经营服务。

1.2　会展建筑成套施工技术研究简介

本书依托中国建筑第五工程局有限公司（以下简称中建五局）以及中建系
统其他单位承建的会展工程，提炼会展工程的关键技术和核心技术，总结集成
该类工程的成套施工技术，用以指导同类工程技术标准编制、施工组织设计和
施工方案制定。本书主要内容包括：

（1）总结会展建筑的功能、特点、施工难点；

（2）提炼编制会展建设的关键施工技术；

（3）提炼编制会展建设的专项施工技术。

2 功能形态特征研究

2.1 会展建筑的功能

作为会展业硬件的会展建筑，其功能必须满足举办展览及会议的正常要求，也即满足大密度的人、物、资金、信息的正常流动。

广义上，如果将"会展建筑"作为一个会展产业聚集区来看，它要实现下述功能：

（1）召开会议，举办展览。为满足此功能，会展中心一般都包括会议中心部分、展览馆部分或室外展览场部分，以及为会议、展览服务的空间，如停车场、交通通道等。

（2）住宿、餐饮、休闲、观光。为满足参加会展人员的生活需要，会展中心一般还包括配套的酒店及娱乐休闲场所；另外，会展中心作为城市的标志性建筑，往往会吸引大量的游客，具有重要的旅游观光功能。

（3）交通、通信、银行服务。为满足资金、信息流的需要，会展中心还需配置便利的交通、通信、银行服务等方面的设施。

例如，德国慕尼黑雷姆会展中心位于慕尼黑以东，占地面积约 560hm²。北面 1/3 的用地为会展中心与商务办公区，中部 1/3 为居住区，南面 1/3 为城市景观公园。

狭义上，如果仅将"会展建筑"作为一个或多个相邻的以会议、展览为主要功能的建筑物来看，其主要空间功能区有：展厅，室外展览场和会议中心，配套的其他功能区。

例如，香港会议展览中心位于铜锣湾维多利亚海峡，占地面积 6.5hm²，总建筑面积 15.69 万 m²，包括 5 个展览厅，室内展览面积达 4.6 万 m²，室外展场 2 万 m²，以及多个会议室和世界级会议厅，配套的演讲厅和中西餐厅等设施。

国家会展中心（上海）地处长三角核心腹地，坐落在上海虹桥商务区核心区西部，总建筑面积超 150 万 m²。集展览、会议、商业、办公、酒店等多种业态于一体。国家会展中心可展览面积近 60 万 m²，包括近 50 万 m² 的室内展厅和 10 万 m² 的室外展场。综合体共 17 个展厅，包括 15 个单位面积为 3 万 m² 的大展厅和 2 个单位面积为 1 万 m² 的多功能展厅。

2.2　会展建筑的特点

从使用功能来说，会展建筑具有功能综合化、高度信息化的特点。从施工角度来看，会展建筑的特点主要表现在以下几个方面。

1. 建筑造型新颖独特

为了体现时代特征、建筑美学，会展建筑在造型设计上考虑人文理念以及地域特色，设计出新颖、独特的建筑外形。复杂多变的平立面造型，给施工提出了很高的要求。

南宁国际会展中心为"朱槿"造型，如图 2-1 所示。德国设计师是受到了南宁市花朱槿造型的启发。12 个花瓣大方舒展，暗喻广西有 12 个少数民族。德国设计师将南宁国际会展中心展览厅墙体设计成玻璃墙，也是匠心独具。如果墙体设计成国内其他会展中心一般采用的石墙，看上去就很"堵"。现在把建在半山腰的建筑墙体设计成玻璃型（德国设计师对材料十分挑剔，玻璃材料全部使用透明度高达 87% 的钢化玻璃，比一般玻璃透明得多），从每个角度看都晶莹剔透，在展厅内感觉很舒畅，从外面不同角度看过去，会展中心都显得华丽大方。当走进这个"花瓣"里，从下往上看，花瓣慢慢上升，节奏感很强，让人感觉一股巨大的震撼力。由于太阳照射的角度不同，不论从外面看还是在花瓣里看，给人的感觉完全不一样。

厦门国际会展中心的建筑造型如图 2-2 所示。蓝色象征着大海和鹭鸟——

图 2-1　南宁国际会展中心

图 2-2　厦门国际会展中心

厦门城市的主要特征；绿色弧形既象征飞翔的白鹭，也象征在激流中破浪的帆船，给人一种清新向上的感觉，又寓意着厦门的腾飞。颜色也有它特定的含义：绿色代表厦门是一个重视环保、体现环保的城市，蓝色象征着厦门的开放。整个建筑造型简练，寓意广远，便于延展，符合会展中心全方位、多元化服务的宗旨。

广州国际会展中心建筑造型如图 2-3 所示，其设计的核心理念在于延伸来自珠江的"飘"。波浪般起伏的屋顶使广州国际会展中心宛若自珠江飘扬而至，以优美的姿态融合于周边环境之中，始于自然、融于自然，以人为本，赋予人性化。

图 2-3 广州国际会展中心

海南国际会展中心建筑造型如图 2-4 所示，其是由中国建筑设计研究院有限公司李兴钢建筑设计工作室设计。"处在像与不像之间的抽象物"设计理念贯穿会展中心主要建筑物的设计，其中有像波浪一样的五星级酒店，也有像一滴水落入大海溅起的水花的七星级海上酒店，最突出的是海南国际会展中心会展部分主建筑像只展翅欲飞的"鸟"。

日本东京国际会展中心建筑造型如图 2-5 所示，其高立的会议楼，象征着面向世界。建筑的造型独特，给人一种挺拔向上的感觉。形状又像古代人的大帽子，有一种东方的感觉。景观设计充分考虑到用地的特点，以会议塔楼为中心，形成互相垂直的城市轴线和玻璃通廊轴线。用四个筒体将会议部分高高举起的设计手法，表现了建筑师的勇气。

图 2-4　海南国际会展中心

图 2-5　日本东京国际会展中心

2. 单体建筑面积大

会展建筑是集会议、展览、娱乐、餐饮和旅游观光为一体的综合建筑群,为了满足这些不同功能的需求，会展建筑的单体建筑面积往往都很大，一般小型的会展建筑面积有几万平方米，中型的会展建筑则为十几万平方米，大型的会展建筑群甚至达到几十万平方米（表2-1）。

国内外部分会展中心的单体建筑面积 表2-1

序号	项目名称	建筑面积（m²）	序号	项目名称	建筑面积（m²）
1	福州海峡国际会展中心	381285	6	武汉国际博览中心	470000
2	湖南国际会展中心	121214	7	广州国际会议展览中心	395000
3	南宁国际会展中心	170000	8	哈尔滨国际会展中心	360000
4	郑州国际会展中心	183000	9	美国芝加哥迈考密展览中心	148900
5	成都国际会展中心	210000	10	日本东京国际展览中心	230000

3. 主要功能区空间大，组合形式多

会展建筑的主要组成部分是展览空间和会议空间。展览空间是会展建筑最重要的组成部分，包括室内展厅和室外展场。会议空间也是会展建筑中不可或缺的一部分，一般包括大小型会议室、多功能厅、演播厅和宴会厅等。最大展厅面积是评判会展建筑规模的一个重要指标（表2-2）。

部分会展中心的最大展厅面积 表2-2

序号	项目名称	最大展厅面积（m²）	序号	项目名称	最大展厅面积（m²）
1	福州海峡国际会展中心	63000	5	广州国际会议展览中心	10000
2	湖南国际会展中心	50000	6	武汉国际博览中心	45000
3	南宁国际会展中心	10800	7	成都国际会展中心	55000
4	郑州国际会展中心	51860	8	沈阳国际会展中心	50000

展厅是会展建筑的主要功能空间，根据展厅的不同组合形式可以把会展建筑分为集中式、单元式、分散式、混合式四类。

集中式是把展厅和辅助用房集中布置在一个大型的建筑物内。各展厅可以单独使用，如有需要也可联合使用形成巨大展厅。这种组合形式节省用地，流线简单，体量完整，容易塑造宏伟的造型。国内外很多会展建筑采用这种组合形式。例如，厦门国际会展中心、广州国际会展中心、郑州国际会展中心、南宁国际会展中心、天津滨海国际会展中心、南京国际博览中心、日本东京国际会展中心等均采用集中式布局。

单元式是各展厅之间相距一定距离，成阵列布置在一个大型建筑物内，独立使用。这种组合形式生长性强，可分期建设，便于扩建、改造。国外，德国会展建筑多采用单元式组合；国内采用单元式组合的有上海新国际博览中心、深圳会展中心、宁波国际会展中心和昆明国际会展中心。

分散式是各展厅分散布置在不同建筑物内，形成一个建筑群落。

混合式是展馆主体采用集中式或单元式组合，配套的辅助设施分散布置。

各种布置平面分析图，如图2-6~图2-9所示。

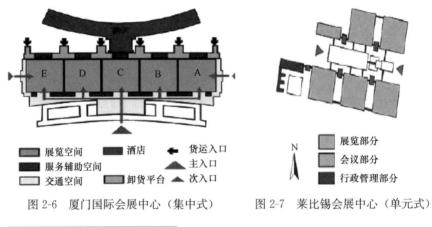

图 2-6 厦门国际会展中心（集中式）　　　图 2-7 莱比锡会展中心（单元式）

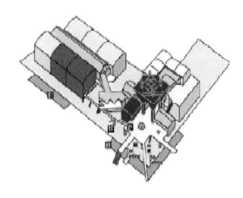

图 2-8 北京国际展览中心（分散式）　　图 2-9 日本东京国际会展中心（集中式）

4. 建筑结构形式复杂多样

为了满足会展本身的使用要求，体现建筑设计理念，会展建筑大量使用混凝土、钢、铝合金、塑料，以及其他合成材料；采用桁架、网架、索、膜等结构形式，以实现大空间、大跨度、长悬臂、不规则的建筑设计要求。同时，作为承重骨架的结构构件与体现建筑美学的建筑造型巧妙结合起来，不但充分发挥了结构的受力性能，同时以结构构件本身的线条、造型充分表现了雄浑、细腻的建筑美学特征（表2-3，图2-10～图2-13）。如烟台会展中心树状钢管组合柱，既是结构的承重部分，又利用其树状丰富的线条获得了良好的建筑造型效果（图2-14）。武汉国际会展中心亦有异曲同工之妙（图2-15）。

我国部分会展中心的结构形式　　　　　　　　表 2-3

序号	项目名称	结构材料及形式
1	福州海峡国际会展中心	冲孔灌注桩及预应力管桩基础、钢筋混凝土框架结构、劲性钢骨及钢管混凝土柱、H型钢及钢管桁架屋盖承重体系、金属屋面、型钢及铝合金玻璃幕墙
2	湖南国际会展中心	混凝土桩基础、钢结构梁柱、压型钢板钢筋混凝土楼板、钢桁架屋盖、金属屋面、拉索式玻璃幕墙
3	贵阳国际会展中心	人工挖孔桩及独立柱基础、钢筋混凝土框架—剪力墙结构、型钢混凝土独立柱、钢网架屋盖
4	南宁国际会展中心	人工挖孔扩底灌注桩基础、框架—剪力墙结构、旋转双曲面钢管网壳—索膜穹顶
5	郑州国际会展中心	钢筋混凝土框架预应力结构、无粘结预应力楼板、桅杆缆索桁架钢结构屋盖

5. 智能化程度高

智能建筑是指利用系统集成方法，将智能型计算机技术、通信技术、控制技术、多媒体技术和现代建筑艺术有机结合，通过对设备的自动监控，对信息资源的管理，对使用者的信息服务及其建筑环境的优化组合，所获得的投资合理，适合信息技术需要，并且具有安全、高效、舒适、便利和灵活特点的现代化建筑物。

图 2-10　福州海峡国际会展中心金属屋面

图 2-11　湖南国际会展中心拉索式玻璃幕墙

图 2-12 南宁国际会展中心旋转双曲面钢管网壳—索膜穹顶

图 2-13 郑州会展中心桅杆缆索桁架钢结构屋盖

图 2-14　烟台会展中心主立面上的"树状"钢管组合柱

图 2-15　武汉国际会展中心局部透视

下面从智能建筑的特点入手分析会展建筑的智能化程度。

（1）会展业是个以展览和会议为主的高盈利行业，要求高度智能化以提高建筑物使用人员的工作效率与生活的舒适感、安全感和便利感，使建造者与使用者都获得很高的经济效益。

（2）会展建筑一般来讲都是大空间结构，能耗相当高，利用智能化能源控制与管理系统可节省能源 30%左右。

（3）会展建筑中机电系统错综复杂，提高建筑智能化，把系统高度集成，系统的操作和管理也高度集中，使得设备运行维护费用降低。

（4）会展建筑的信息流量大，需要智能化完备的通信系统提供现代通信手段和信息服务。以多媒体方式高速处理各种图、文、音、像信息，突破了传统的地域观念，以零距离、零时差与世界联系。

6. 展厅楼地面荷载大

展厅楼地面活荷载比较大是会展建筑有别于其他建筑的又一大特点。因为重型机械展览要求地面承载力比较高。一般现代会展建筑多为 1 层或者 2 层，若为多层则首层展厅地面承载力较高，可以承接重型机械展览，其他层地面承载力相对较低，但是由于展厅人流量大，因此展厅的楼地面活荷载较一般建筑还是要大一些。例如，深圳会展中心的楼面活荷载为 $1t/m^2$，其一楼地面载重为 $5t/m^2$，二楼地面载重为 $1.5t/m^2$。天津梅江国际会展中心 7m 高处楼面的设计活荷载分别为：南区外环 $3t/m^2$，北区外环 $5t/m^2$。远远大于一般公用建筑。

2.3 会展建筑的施工难点

会展建筑的上述特点对施工提出了较高的要求，施工企业在会展建筑施工中需要解决的主要问题包括以下几个方面。

1. 测量定位

由于会展中心建筑造型新颖、单体建筑面积大、结构形式复杂多样，导致结构体系独特，定位测量要求精度高。复杂、独特的建筑外形，导致工程平面形状复杂，竖向结构多变。每层的平面尺寸都不相同，每层的轴线位置上下也不对应。有的平面形状为多个曲线段组成，而且这些曲线的圆心和半径也不一定相同。因此，测量工作是一个很大的难点。

2. 地基处理

会展中心占地面积大，地基的地质情况往往很复杂，需要针对不同的情况对地基采取各种处理方法，以保证地基承载力、沉降量及抗地震液化性能等满足要求。会展建筑一般都会遇到深、大基坑，这种基坑的施工一直就是施工技术上的难点。要严格落实《危险性较大的分部分项工程安全管理规定》（住房和城乡建设部令第 37 号），编制专项施工方案。

会展建筑的地基处理一般具有如下特点。

（1）投入人力、机械较多

由于整个工程量大，且单体工程多、工期紧，因此，要求单位时间内投入的劳动力、周转材料和机械数量均较多，这是地基处理的一大难点。

（2）土方工程量大

施工过程中，土方工程的质量对工程起到了关键性的影响，开挖与回填量大，短时间内投入的劳动力多，控制的难点就是人工填筑与机械填筑等专业队伍的配合工作和开挖的准确度（防止欠挖及超挖），施工过程中须做好项目管理，使各工种配合协调。

3. 大跨度结构施工

会展中心对空间要求较高，采用大跨度结构形式较多。在大跨度混凝土结构中，超长连续梁应用较多，钢筋的安装、定位，预应力钢筋束的张拉较为困难，对超长结构裂缝控制和大体积混凝土温度控制要求较高。在大跨度钢结构中，建筑单体多，位置分散，二次搬运工作量大；屋面底板安装困难；拼缝及连接节点多，屋面防渗漏要求更高。

例如，天津泰达国际会展中心由主展厅和综合楼两部分组成，主展厅 1 层，会议厅 2 层、局部 3 层，建筑总面积 62880m²，总投资 5.7 亿元。折线形屋盖由 13 个标准单元组成，每个单元由两个菱形桁架、四根上弦拉索、两根檐口稳定拉索、两根钢管混凝土柱组成。主展厅屋盖平面呈扇形，外弧线长 313m、内弧线长 242.6m，桁架跨度 69m，两端各悬挑 19.5m，总屋盖跨度达 108m，钢管桁架高度 4.1～4.9m，桁架前后支撑点标高各为 12.65m 和 22.25m。

该工程难点在于以下几个方面：

（1）结构组成复杂。钢管桁架节点相交多达 16 根，制作精度要求高；展厅桁架穿过钢管混凝土柱，需提前制定安装方案。

（2）用钢量大，制作工期短。用钢量 9460t，制作与现场安装工期共四个月。

（3）超静定结构中索力张拉控制难度大。

（4）已施工建筑的影响。已施工土建结构影响大型起重机站位及吊点的选取。

4. 大面积混凝土施工

相对一般建筑而言，会展建筑的大面积混凝土施工具有如下特点：

（1）工程体量大，生产安排紧。一般会展建筑的单个展厅面积非常大，要分成多个区、多个仓来进行浇筑，而会展建筑的建设工期一般都比较紧。

（2）平面面积大，表面标高控制难度大，尤其后期回仓填筑的精度要求高。通常而言，展厅的平整度根据展览的类型而不同，但是一般都对精度的要求较高。

（3）一次成型地面对各专业工序的施工穿插交接的安排紧。

（4）地面施工后期其他各工序尚未完成，成品保护工作难度大。

另外，大面积混凝土施工过程中，需要考虑自防水和无缝设计要求。在大面积混凝土中，由于浇筑混凝土内部会发生热化学反应而产生大量的热，导致混凝土膨胀、断裂，所以无缝施工成为难点。大面积底板混凝土节点的防水以及底板自防水也是会展建筑的施工难点。

5. 深化设计

为了满足社会发展需要，填充传统设计环节中出现的断层，弥补现实方案与理想情况的差距，方案设计需要作深化设计予以完善。对于像会展建筑这样复杂的建筑项目，深化设计阶段的工作方法是设计人员面对市场竞争的有力工具。基于对业主负责，对建筑项目负责，对建筑设计这个职业负责，深化设计的作用越来越重要。

一般会展建筑的深化设计主要是因为幕墙节点位置，以及钢结构的详图往往设计不明确，需要进行深化设计来补充未明确的、加强不足的、优化过于保守的、完善不合理的地方。

另外，会展中心地面由于面积大，使用荷载大，技术精度要求高，给室内装饰的平整度和裂缝、空鼓的质量控制带来了较大的施工难度，需要对实际项目单独考虑，深化设计。

会展中心结构负载、建筑耗能惊人，因此设计中需考虑节约资源，环境友好，积极主张集成创新、集约建设，实现经济效益、社会效益、环境效益的和谐统一。

6. 综合管线布置

机电系统多，管线密集，交叉作业多，需要综合全局作深化设计。为了实现独特的建筑造型、复杂的结构形式，以及交错的机电安装系统，就必须大量应用"四新"（新技术、新材料、新工艺、新方法）技术，从而对施工技术与管理提出了较高的要求。

会展建筑在空间尺度上的一大特征是高度高，而且展览馆是向着大面积、高空间的方向发展的，并且发展速度非常快。现在的展厅面积已经由原来的几千平方米增加到几万平方米，室内净空高度也由原来的 4～5m 上升到了 7～8m，甚至更高，这就使得室内垂直和水平温度分布较难控制，设计不当的话就很容易造成室内温度分布不均匀的现象。尤其在冬季，由于热空气自身的升力作用，如果气流组织不当的话，不但不能满足人员对工作区的使用要求，还会造成能源的大量浪费。而会展建筑在空间尺度上的另一大特征——体型系数大，再加上展览馆通常为大框架结构，而且经常采用轻型结构材料，使顶棚及壁面材料的热惰性都比较差，这就造成外界界面对室内空间的自然对流影响较大，冬季时容易在四周形成下降气流，因此也要考虑这方面的影响。从会展建筑的使用上来说，由于使用功能的多样性，室内需要大面积的灵活可变的空间，而展览时展位的布置又有一定的随意性，灵活多变，这就给风管的布置造成了极大的困难。它不但不能影响展位的布置，还必须能够兼顾到每一个展位，因此合理的气流组织就成为一个必需的要求。由于展览馆属高大空间建筑，特别是展览大厅，因人员密度高、热湿负荷大，对机电系统来说是个大的难点（图 2-16）。

图 2-16 某会展中心复杂管线

7. 施工组织

建设过程中涉及的单位多，组织协调工作量大。会展建筑由于建筑面积大，涉及的设计、施工、监理、供货的单位多，协调的工作量大、要求高。各个系统之间，以及与主体工程之间的交叉作业多，存在相互矛盾的地方也多，给施工协调带来了困难。协调工作是否顺利，将直接影响工程能否顺利实施。

为保证目标实现，必须采取切实可行的保证措施，精心组织。由于会展项目工程工种多，对各种原材料、成品、半成品要严格把好质量关，主要材料应在得到业主及监理工程师的认可后方可采购。对于关键分部分项工程，施工时必须编制详细的施工方案，确保施工质量。

针对会展建筑的上述特点，以及该类建筑施工的难点，研究、总结有针对性的一整套施工技术与管理方法，用以指导工程投标，指导相似项目的施工，具有重要的工程意义。

3 关键技术研究

3.1 大型复杂建筑群主轴线相关性控制施工技术

目前，在大型建筑群施工中，建筑物轴线定位，仅对建筑群中各建筑主轴线进行放样，而未对建筑群中各建筑主轴线的相关性（相对精度）进行分析和控制，这难以满足现代施工技术要求。而现代建（构）筑物的结构越来越复杂，对施工测量定位技术和方法要求也越来越高，为保证工程项目的顺利进行，确保工程质量，需寻求一种对建筑群中各建筑物主轴线的相关性（相对精度）进行分析和控制的新技术和新方法，以提高传统的建筑物轴线放样技术。

建筑物主轴线相关性控制技术，不仅能对大型建筑群中各建筑主轴线进行准确定位，而且能对大型建筑群中各建筑主轴线定位精度进行监控，还能对现代建筑物的复杂结构进行精确定位。

（1）本技术精度高、可靠性好，有利于大型建筑物的施工精确定位，特别对于有联动设备的大型建筑群的精确定位具有无比优越性；

（2）本技术应用范围广，可广泛用于各类形式复杂的大型建筑物；

（3）本技术施工操作简便，作业速度快；

（4）本技术有利于对整体的轴线定位进行控制，具有较好的施工效果。

3.1.1 工艺原理及流程

1. 工艺原理

该技术根据施工控制网，测量定位建筑物主轴线，并推算建筑物主轴线的相对精度，以建筑物主轴线的相对精度对其相关性进行评价，以控制轴线的定位精度。

如图 3-1 所示，ij 和 mn 为两条任意线段，则线段 ij 和 mn 的相关性可通过式（3-1）和式（3-2）进行评定。

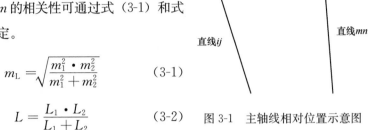

$$m_L = \sqrt{\frac{m_1^2 \cdot m_2^2}{m_1^2 + m_2^2}} \qquad (3\text{-}1)$$

$$L = \frac{L_1 \cdot L_2}{L_1 + L_2} \qquad (3\text{-}2)$$

图 3-1　主轴线相对位置示意图

式中　m_1，m_2——分别为线段 ij 和 mn 的中误差；

　　　L_1，L_2——分别为线段 ij 和 mn 的长度。

则线段 ij 和 mn 的相关性（相对中误差）评价为：$\dfrac{m_L}{L}$（比值小于 1/30000 时满足要求）。

2. 工艺流程

本技术施工工艺流程如图 3-2 所示。

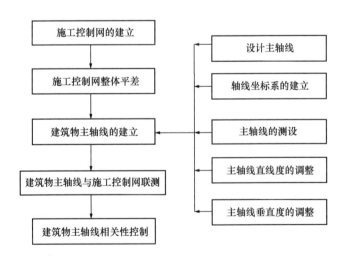

图 3-2　施工工艺流程图

3.1.2 施工操作要点

1. 施工控制网的建立

根据施工地区的地理特征、交通状况、气候及周围环境来建立施工控制网。在建立过程中应遵循以下原则：

（1）各相邻控制点必须通视。

（2）控制点周围视野开阔，以便于观测，传递信息。

（3）控制点所在位置土质坚实，便于保存；同时位置合适，以便于安置仪器。

（4）各控制点之间要控制好相邻边的长短比例，其中长：短不大于3：1。

（5）做好各控制点标记。

在施工控制网建立后，确定观测方案、精度指标及解算方法。

2. 施工控制网整体平差

根据最小二乘法原理，结合控制测量优化设计与平差软件进行整体平差计算。该环节为整个施工工艺流程最重要的部分，平差完成后应及时对控制网的精确度进行复核，以保证后续工作的准确性。

3. 建筑物主轴线的建立

（1）设计主轴线

在建筑物总平面图上，根据工程情况建立主轴线，设计时应注意以下几点：

1）主轴线应大致为各建筑施工场地的中心线；

2）主轴线纵横轴各端点应布置在各建筑物施工地区的边界，便于保护。

（2）轴线坐标系的建立

由于测量坐标系与施工坐标系是独立的两个坐标系，在工程建设中为了施工作业方便，需要将测量坐标系转化为施工坐标系。

施工坐标系与测量坐标系可用式（3-3）计算。

$$\begin{bmatrix} A_{\mathrm{p}} \\ B_{\mathrm{p}} \end{bmatrix} = \begin{bmatrix} A_0 \\ B_0 \end{bmatrix} + \begin{bmatrix} \cos\alpha & -\sin\alpha \\ \sin\alpha & \cos\alpha \end{bmatrix} \begin{bmatrix} x_{\mathrm{p}} \\ y_{\mathrm{p}} \end{bmatrix} \tag{3-3}$$

式中　A_{p}、B_{p}——P 点在施工坐标系下的坐标；

$\quad\quad A_0$、B_0——测量坐标系的原点在施工坐标系下的坐标；

$\quad\quad x_{\mathrm{p}}$、$y_{\mathrm{p}}$——$P$ 点在测量坐标系下的坐标；

$\quad\quad \alpha$——施工坐标系和测量坐标系的旋转角（°）。

（3）主轴线的测设

在总平面图上设计好建筑物主轴线后，根据控制点测设建筑物主轴线端点（极坐标法）。注意测设工作前，应先将控制点坐标换算成建筑物轴线坐标（建筑物施工坐标系统）。

（4）主轴线直线度的调整

一条建筑物主轴线应测设三个点进行控制（图 3-3），由于测量误差的影响，使得测设到地面上的各主轴线点不严格在一直线上。为保证建筑物主轴线的直线度，应将各主轴线点调整到一条直线上。

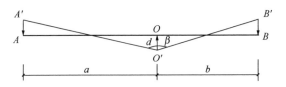

图 3-3　主轴线直线度调整

其调整方法是在主轴线点 O'（图 3-3）上测定交角 β（测角中误差不得大于 $\pm2.5°$）。若交角不为 $180°$，则按式（3-4）计算各主轴线点的横向改正数 d（式中 ρ'' 为常数）。

$$d = \frac{ab}{a+b}\left(90° - \frac{\beta}{2}\right)\frac{1}{\rho''} \tag{3-4}$$

改正后须用同样的方法进行检查，其结果与 $180°$ 之差不应超过 $\pm5°$，否则再进行改正。

（5）主轴线横轴线的调整

定出建筑物的主轴线后，即可按通常的定线方法进行横轴线的测设。根据建筑物主轴线放出的横轴线亦需进行调整。用经纬仪在 K 点上以 $\pm 3''$ 的精度测定。如图 3-4 所示，安置经纬仪于 P 点，照准 C 点，分别向左、右侧观测 $90°$ 角，并根据主点间的距离，在实地标定出 E'、F' 点，用全圆方向法观测和计算，分别求出 $\angle CPE'$ 及 $\angle CPF'$ 的角值与 $90°$ 之差 ε_1 及 ε_2，若 ε_1、ε_2 大于 $24''$，则按式（3-5）计算方向改正数 L_1、L_2，即将 E'、F' 两点分别沿 PE' 及 PF' 的垂直方向移动 L_1、L_2，得 E、F 点，E'、F' 的移动方向按观测角值的大小决定，大于 $90°$，则向左移动，否则向右移动。最后再检测 $\angle EPF$，其值与 $180°$ 之差应小于 $\pm 15''$。

$$l = L \frac{\varepsilon''}{\rho''} \tag{3-5}$$

式中　L——主点间的距离（m）。

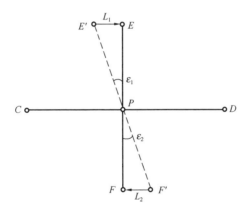

图 3-4　主轴线横轴线的调整

4. 建筑物主轴线与施工控制网联测

建筑物主轴线建立好后，主轴线端点应与施工控制点进行联测。其联测角、联测边的精度应为施工控制网观测精度的 2 倍。

5. 建筑物主轴线相关性控制

利用施工控制网建立建筑物主轴线后，进行整体观测平差计算。解算出各点的点位误差、相对点位误差和各建筑物主轴线的相对精度，根据式（3-1）

和式（3-2），对建筑物轴线进行控制和评价。

3.1.3 保证措施

1. 质量控制

在施工过程当中，施工定位各项技术标准如下。

（1）仪器质量控制技术标准

所有测量仪器设备必须经过鉴定，达到国家计量标准才能进行施工定位。其中，主要设备全站仪测角标称精度为 $\pm 2''$；测距标称精度为（$2 + 2\text{ppm} \times D$）mm（D 为全站仪实际测量的距离值，单位为 km）。

（2）建筑物平面控制网技术标准（表 3-1）

建筑物平面控制网技术标准　　　　　　　　表 3-1

等级	边长相对中误差	测角中误差
一级	1/30000	$7''\sqrt{n}$
二级	1/15000	$15''\sqrt{n}$

注：n 为建筑物结构的跨数。

（3）主轴线相关性控制评价技术标准

参照规范并结合工程实践，提出表 3-2 所示主轴线相关性技术标准。

建筑物主轴线相关控制评价技术标准　　　　表 3-2

等级	测角中误差（″）	边长相对中误差
Ⅰ级	5	≤1/30000
Ⅱ级	8	≤1/20000

注：在施工中，常用绝对误差来评价，若建筑物间无联动设备，则允许误差小于 2cm；若建筑物间有联动设备，则允许误差小于 1cm。

2. 安全措施

严格遵守有关劳动安全、卫生法规要求，加强施工安全管理和安全教育，严格执行各项安全生产规章制度。

作业人员应配备安全帽、安全带、工具袋，防止人员及物件的坠落。

在埋设控制点时，不要将控制点埋设在塔式起重机和交通繁忙干线附近，以免发生危险。

在塔式起重机和车辆吊运过程当中，测量人员避免在吊物下和水平运输时进行作业。且应穿防滑鞋，避免事故发生。

作业时应有专人看护仪器设备和临时测桩点，保证设备和成果安全。

3. 环保措施

对现场施工中的桩号、楼层标高、控制点等标识使用油漆采取专人专用的管理原则，对控制点标志要求进行标识，防止油漆对周边环境造成污染。

施工测量过程当中，不损害周边及施工现场的环境状况，具有很好的环保效益。

3.2 轻型井点降水施工技术

随着我国城市化进程的加快，国内大中城市用地逐渐紧张，通过开发滩涂、复杂地质条件的土地资源成为缓解这一矛盾最重要、最有效的举措之一。由于滩涂地区基坑降水难度大、周期长、费用高，因此降水的成功与否关系到整个工程能否顺利进行。射流器轻型井点降水，设备简单，技术先进，制作、维修方便，降水作业操作简便，正常使用仅由一人监护、保养即可。降水过程为断续作业，即水位降至一定程度后停机等待回升后再继续开机作业。

降水效果明显，尤其适用于中细砂和粉砂地基，对于地质情况复杂、渗透速度较快的水汽混杂的地质环境，具有明显的优势。

本方法降水位置灵活，可在某一点或一条线突击局部降水，也可沿基槽形成降水周圈和大面积降水，可用于一级降水，也可用于二级降水。此方法适用于土层中含有大量细砂和粉砂或明沟排水易引起流砂、坍方的基坑降水工程。

3.2.1 工艺原理及流程

轻型井点降水系统由井点管、过滤管、集水总管、主管、阀门等组成管路系统，并由抽水设备启动，在井点系统中形成真空，在真空力的作用下，井点附近的地下水通过砂井，经过过滤器被强制吸入井点内而使井点附近的地下水位降低。在作业过程中，井点附近的地下水位与真空区外的地下水位之间存在一个水头差，在该水头差的作用下，真空区外的地下水以重力方式流动。所以，常把轻型井点降水称为真空—重力抽水法，施工计算方法如下。

1. 井点管埋设深度计算

井点管的埋深（H_m）主要取决于基坑深度、降水区内地下水的水力坡度、降水后水面距离基坑底的深度、降水期间地下水位的变化幅度、过滤器工作部分长度和沉砂管长度，如图 3-5 所示。井点管埋设深度可按式（3-6）确定。

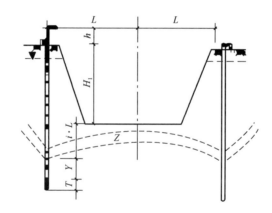

图 3-5　井点埋设深度图

$$H_m > H_1 + h + i \cdot L + Z + Y + T \qquad (3\text{-}6)$$

式中　H_1——基坑深度（m）；

　　　h——井点外露高度（m）；

　　　i——降水区内水力坡度（°）；

　　　L——井点管至基坑中心的距离（m）；

　　　Z——降水期间地下水位的变化幅度（m）；

　　　Y——过滤器工作部分长度（m）；

　　　T——沉砂管长度（m）。

2. 计算基坑总涌水量

（1）环形布置井点

降水井点按环形封闭式布置时，若干扰井群中各井流量相等，井结构一致，则可近似把基坑周围的井群当成一个以基坑为"中心"的大井，根据实际情况，选择相应规范中的有关单井涌水量计算公式进行近似计算，如，

对于潜水完整井： $Q_总 = 1.366K \dfrac{(2H_0 - S_w)S_w}{\lg \dfrac{R_0}{r_0}}$ （3-7）

对于承压完整井： $Q_总 = 2.73K \dfrac{MS_w}{\lg \dfrac{R_0}{r_0}}$ （3-8）

式中　$Q_总$——基坑总排水量（m³/d）；

　　　K——含水层渗透系数（m/d），见表3-3；

　　　H_0——含水层静止水位标高（m）；

　　　M——承压含水层厚度（m）；

　　　S_w——设计基坑水位降深（m）；

　　　R_0——引用影响半径（m），$R_0 = R + r_0$；

　　　R——影响半径（m）；

　　　r_0——引用半径（m）。

K、M 参数表　　　　　　表 3-3

土的种类	夹砂砾石	粗砂	中砂	细砂	粉砂	粉质黏土	黏土
$K(\text{m}\cdot\text{d}^{-1})$	75～150	25～50	10～25	5～10	1～5	0.05	0.25
M（m）	0.325	0.275	0.225	0.175	0.125	0.125	0.055

对于不同排列的降水井群，引用半径的计算方式不同。

（2）线型布置井点

降水井点按线型布置时，可根据实际情况选择相应规范中的涌水量计算公式近似计算。

对于潜水完整水平集水建筑物：$Q_总 = KL \dfrac{H_0^2 - H_W^2}{R_0}$ (3-9)

对于承压完整水平集水建筑物：$Q_总 = \dfrac{2KMS_W L}{R_0}$ (3-10)

式中各符号意义同前。

3. 单井最大允许出水量的计算

单井出水量决定于含水层的允许渗透速度、过滤器长度及直径等，其理论计算最大允许出水量为：

$$q = 120\pi r l^3 \sqrt{K} \qquad (3\text{-}11)$$

式中 r——过滤器半径（m）；

      l——过滤器长度（m）；

其他符号意义同前。

由于过滤器加工及成井工艺等人为影响，设计的单井出水量一般小于上式的计算值。实际工作中常利用现场抽水试验资料求得的单井涌水量值，与上述公式计算结果进行对比后确定。

4. 井点数量的确定

布设井点的数量是根据基坑总排水量与单井出水量进行试算而确定的。

（1）首先根据基坑总排水量及设计出水量确定初步布设井数（n），计算公式如下：

$$n = (1.1 \sim 1.2) \dfrac{Q_总}{q} \qquad (3\text{-}12)$$

式中各符号意义同前。

（2）在抽水设备及水位降深确定的情况下，根据实际情况选择干扰井群公式计算单井的出水量。如，

对于潜水完整井群：

$$q = \dfrac{2K(2H_0 - S_W)S_W}{\ln \dfrac{R_0^n}{n r_W r_0^{n-1}}} \qquad (3\text{-}13)$$

对于承压完整井群：

$$q = \frac{2\pi KmS_w}{\ln \dfrac{R_0^n}{nr_w r_0^{n-1}}}$$ (3-14)

式中各符号意义同前。

单井出水量也可用以下经验公式计算：

$$q = 1.25k_i DH_s$$ (3-15)

式中 D——过滤器直径（m）；

　　H_s——过滤器有效长度（m）；

其他符号意义同前。

（3）验算井群总出水量是否满足要求。若 $nq > Q_总$，则认为所布设井点数合理；若 $nq < Q_总$，则需增加布设井数。

重复（2）、（3）步计算，直到计算出的井群总出水量大于基坑总排水量时，井数便是需要的井数。

（4）井点间距的计算。

井点间距按式（3-16）计算：

$$a = \frac{L}{n}$$ (3-16)

式中 a——井点布设间距（m）；

　　L——基坑长度（m）；

　　n——布设井点数（口）。

当含水层分布不均匀时，在主要富水地段井点间距可适当小些。

3.2.2 施工操作要点

在作业基坑外围埋设渗水管（间隔依据基坑水位情况而定），基坑降水渗水管最大深度一般处于基坑坑底水平面以下约 3m（井点的埋置深度需进行计算），并在地表将各个渗水管通过渗水管连接器与总管相连，然后用水泵抽取各个渗水管中的地下水，降低基坑地下水位，完成基坑开挖及基础浇筑。井点管与总管连接可用钢管和透明塑料管，因受真空力的作用，塑料管内装有弹簧，用以加强抗外部张力，保证地下水流畅通。

作业前期的准备：对需进行降水作业的基坑进行初步开挖，开挖深度一般以露出地下水位为宜，在砂土地质作业条件下，采用挖掘机或其他作业机械作业为宜。渗水管的制作：在 3.8cm 胶管前部打圆形渗水孔，外部用纱布包裹（注：渗水管滤水部分长度在 2～3m 之间）。成孔管的制作：成孔管采用钢管及硬塑料管制作，钢管与硬塑料管相连，硬塑料管一端边缘做成锯齿状。

作业流程：

（1）成孔：采用高压水冲法，成孔压力保持在 0.6～1MPa，成孔直径不小于 300mm，成孔深度不小于 7m。

（2）下管：成孔完毕应立即下井点管，下管时要垂直居中。井管上口标高控制在－3.1m 左右。

（3）填料：井滤料从井口四周均匀回填，防止将井点管挤偏，井口下 1m 用黏性土回填至地面。

（4）管路安装：首先沿井点管线外侧敷设胶管，并用连接头连接起来，接入地面下水道。因真空泵扬程很小，可将真空泵排水集中至砖砌集水坑内，增加潜水泵，抽出至现场排水沟内。

（5）临时用电连接：降水配电按规范要求进行。其中，三级电箱每箱控制 6～9 台水泵，单泵严格按照三级配电两级保护的原则进行配电。

1）所有主电缆均沿基坑边排水沟外侧埋地敷设；

2）主电缆严禁穿过基坑，过路必须穿钢管；

3）控制柜到深井泵电力电缆均采用明敷；

4）水泵自带电缆和所配电缆接头在井口上方，并作防水处理。

（6）试抽：在试抽时，应检查整个排水管网是否通畅，方可正式投入抽水。正常的出水规律是先大后小、先浑后清，如水不出或一直较浑或清后又浑，应检查、处理后方可使用。

（7）观测：为便于观察水位下降情况，坑内在水力坡度影响线较薄弱的中间部位，布设 8～10 只观察水位孔，每天观测不少于 2 次，并做好观测记录。

（8）抽水：井点管网全部安装完毕后进行试抽。当抽水设备运转一切正常后，可以投入正常抽水作业。抽水深度根据坑内、坑外观测孔内水位进行调整。开机一星期后将形成地下降水漏斗，并趋向稳定，土方工程可在降水 6d 后开挖（根据观察孔水位最终决定）。土方挖掘运输车道应考虑井点位置，防止破坏井点，影响整体降水效果。在正式开工前，由电工及时办理用电手续，保证在抽水期间不停电。抽水应连续进行，特别是开始抽水阶段，时停时抽，会导致井管的滤网阻塞。同时，由于中途长时间停止抽水，造成地下水位上升，会引起土方边坡坍方等事故。

抽水要求：确保基坑开挖时土体较干燥，底板浇筑时，地下水位降低到底板以下 1m 左右。

3.2.3 保证措施

1. 质量控制

井点管间距、埋设深度应符合设计要求，一组井点管和接头中心，应保持在一条直线上。

井点埋设应无严重漏气、淤塞、出水不畅或死井等情况。

埋入地下的井点管及井点连接总管，均应除锈并刷防锈漆一道，各焊接口处焊渣应凿掉，并刷防锈漆一道。

各组井点系统的真空度应保持在 55.3 ～ 66.7kPa，压力应保持在 0.16MPa。

井点成孔后，应立即下井点管并填入豆石滤料，以防坍孔。不能及时下井点管时，孔口应盖盖板，防止物件掉入井孔内堵孔。

井点管埋设后，管口要用木塞堵住，以防异物掉入管内堵塞。

井点使用应保持连续抽水，并设备用电源，以避免泥渣沉淀淤管。

冬期施工，井点连接总管上要覆盖保温材料，或回填 30cm 厚以上干松土，以防冻坏管道。

2. 安全措施

进入现场的施工操作人员必须遵守国家相关规定，正确使用好各种劳动保护用品。

机电设备一定要有专人负责，定期检查。

冲孔用二步搭支架一定要支牢架好，安全可靠，冲孔过程中不得出现支架外滑或吊点下降等情况。

3. 环保措施

建筑垃圾定点堆放，即日运走。施工中产生的边角余料运至指定点堆放。禁止将有毒、有害废弃物用于基坑回填。

现场所有机械能加消声器的均加消声器以减少机械噪声，保证施工区的生活和休息。严格控制人为噪声，进入施工现场不得高声喊叫、乱吹哨，最大限度地减少扰民。严格控制强噪声作业时间，一般从晚 10 点到次日早 6 点间停止强噪声作业，确系特殊情况必须夜间施工的，应尽量采取降噪措施。

夜间施工时，对施工用照明采取适当的防护措施，避免影响附近居民的休息。

基坑排水应经沉淀后由排水管统一排至场地外河道或市政管网内。

3.3 吹填砂地基超大基坑水位控制技术
——深井井点与渗沟、明沟组合降排水施工技术

随着经济的发展，沿海地区土地供需矛盾日益加剧，通过"吹砂造地"开发滩涂资源成为缓解这一矛盾最重要、最有效的举措之一。由于吹填砂地区基坑降水难度大、周期长、费用高，因此降水的成功与否关系到整个工程能否顺利进行。正是在这样的背景下，结合福州海峡国际会展中心工程实例，提出以"渗沟降水为主，深井降水为辅"的降排水新理念，通过数值计算确定方案，取得了很好的降水效果，为类似工程提供了基础数据，具有重要的参考价值。

深井井点降水是在深基坑的周围埋置深于基底的井管，通过设置在井管内

的潜水泵将地下水抽出,使地下水位低于坑底。

深井井点具有排水量大,降水深(>15m);井距大,对平面布置干扰小;不受土层限制;井点制作、降水设备及操作工艺、维护均较简单,施工速度快;井点管可以整根拔出重复使用等优点。但一次性投资大,成孔质量要求严格。

明沟、集水井排水多是在基坑的两侧或四周设置排水明沟,在基坑四角或每隔 30~40m 设置集水井,使基坑渗出的地下水通过排水明沟汇集于集水井内,然后用水泵将其排出基坑外。

渗沟是指在基坑内设置的用于将降水井中抽出的水及时排走的排水盲沟,这样不会因为深井的排水管纵横交错而影响基础施工。

本技术适用于吹填砂地区大面积基坑的施工降排水,基坑底开挖面位于渗透系数较大的砂土层且地下水位较高的基坑降排水。

3.3.1 工艺原理及流程

1. 工艺原理

本技术降排水原理是在基坑四周开挖截水沟,基坑内利用渗沟和深井将水排至集水井,再通过水泵排至基坑外。假定基坑总涌水量 Q 全部由渗沟(Q_1)和深井(Q_2)排走,即 $Q=Q_1+Q_2$,以此为依据通过数值计算得出渗沟的长度和深井的数量。在整个降排水过程中,深井只作为辅助措施为截水沟和渗沟的施工创造条件,或在涨潮时因地下水位过高才抽水,深井抽出的水也通过渗沟排至集水井,降水原理如图 3-6 所示。

2. 基坑涌水量计算

用大井法计算涌水量,公式如下:

$$Q = \frac{1.366KS(2H-S)}{\lg \frac{R}{r_0}} + \frac{6.28KSr_0}{1.56 + \frac{r_0}{m_0}\left(1 + 1.185\lg \frac{R}{4m_0}\right)} \qquad (3-17)$$

$$r_0 = \eta \frac{a+b}{4}$$

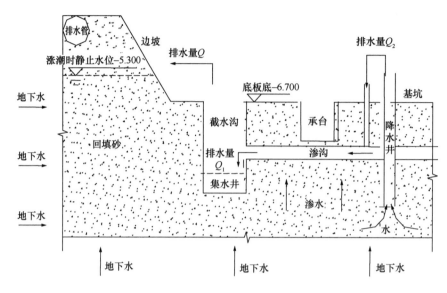

图 3-6　降水原理示意

式中　Q——基坑总涌水量（m^3/d）；

　　　K——土的渗透系数（m/d）；

　　　S——抽水时坑内水位下降值（m）；

　　　H——抽水前坑底以上的水位高度（m）；

　　　R——抽水影响半径（m）；

　　　r_0——引用（假想）半径（m）；

　　　m_0——从坑底到下卧不透水层的距离（m）；

　a、b——矩形基坑的边长（m）；

　　　η——系数，当基坑为正方形时，取值为 1。

3. 渗沟排水量计算

每延米渗沟的排水量 Q_s [$m^3/$（$s \cdot m$）] 按式（3-18）计算：

$$Q_s = \frac{\pi K H_g}{2\ln(2r_s/r_g)} \qquad (3\text{-}18)$$

$$r_s = \frac{H_c - h_g}{I_0}$$

$$I_0 = \frac{1}{3000 \sqrt{K}}$$

式中　Q_s——每延米渗沟由一侧沟壁渗入的流量 $[m^3 / (s \cdot m)]$；

　　　K——土的渗透系数（m/s）；

　　　H_g——渗沟位置处地下水位的下降幅度（m）；

　　　r_s——地下水位受渗沟影响而降落的水平距离（m）；

　　　r_g——两相邻渗沟间距的一半（m）；

　　　H_c——含水层内地下水位的高度（m）；

　　　h_g——涌沟内的水流深度（m）；

　　　I_0——地下水位降落曲线的平均坡度。

4. 深井数量计算

根据假定，深井排水量为 $Q_2 = Q - Q_1$。

再根据抽水试验报告，得出单井出水量 q，故降水井的数量可按式（3-19）计算：

$$Q = 1.1 \frac{Q_2}{Q_1} \qquad\qquad (3\text{-}19)$$

5. 工艺流程

井点测量定位→挖井口，安放护筒→钻机就位→钻孔→回填井底砂石垫层→吊放井管→回填井管与井壁间砂砾过滤层→洗井→井管内下设水泵，安装抽水控制电路→试抽水（验收合格）→降水井正常抽水。

3.3.2　施工操作要点

1. 降水井施工

采用 100 型钻机施工，泥浆护壁成孔，开孔口径 450mm（一径到底），在基坑内的井口标高为高出底板 300mm，基坑外的井口标高为高出基坑顶面 300mm，井深 18m，成井后进行洗井和试抽水。降水井下端主要布置在第四层即细砂层中。用 ϕ219mm 无缝钢管成井，钢管上开孔 ϕ16mm@50mm×

50mm 呈梅花形布置，管顶不开孔的长度为 3m。管外包 40 目尼龙滤网 1 层，外侧填 3～5mm 砾石或碎石，管底从下往上依次填 300mm 的碎石料和砂料。抽水设备采用 150QJ30-30/4 型潜水电泵，泵头根据现场实际情况和需要布置在孔内离井口 6～13m 处。做法如图 3-7 所示。

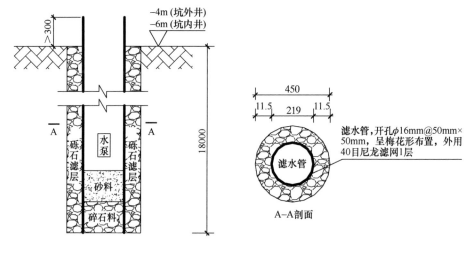

图 3-7 降水井详图

在施工过程中要注意以下事项：

（1）钢管安放误差不大于 5cm，钻机就位误差不大于 2cm，特殊部位根据实际情况进行调整。

（2）采用泥浆护壁成孔技术，孔径 225mm，垂直度偏差不大于 1‰，孔深达到孔底标高设计要求。

（3）成孔后清渣换浆，沉渣要求厚度不大于 20cm，泥浆相对密度为 1.05～1.1。

（4）沉渣、泥浆参数达到要求后回填井底砂石垫层进行封底，采用粒径 0.5cm 碎石即可，厚度为 30cm。

（5）沉放井管。该工程井管采用内径 219mm、外径 225mm 的铁滤管。滤管吊起下放时要确保竖直，防止破坏管外滤网。为保证井管下放在井孔中部，每隔 2m 在井管外围设 3 道 5cm 厚的垫块。井管缓慢下放,严禁快放。若在下放时发生卡管、坍孔等异常现象需将井管重新拔出,下钻扫孔、清孔后再次安放。

(6) 回填滤料。回填滤料应从井管四周同时均匀填入,不得用铲车填料,应用铁锹下料。填料时应将井口暂时封盖以防滤料填入其中,滤料采用粒径 0.5cm 的碎石,从井底连续填至地面。

(7) 洗井。采用污水泵连续抽水洗井法。洗井应在填好滤料 8h 内进行,一次性洗完。最终洗至井内排出的水由浑变清达到正常排水为止。

(8) 水泵安放。安放前检查潜水泵转向、连接电缆、排水胶管、吊泵绳索,确保正确、安全后下放。

(9) 每台泵应配置一个控制开关,主电源线路沿深井排水管路设置。控制开关单独装箱,其他电路严格按照配电原则进行敷设。

(10) 安装完毕后放水泵至水面以下 3m 开始试抽水。抽水过程中定时测定抽水量、水位等值,做好记录。试抽水满足要求后转入正常抽水。

2. 截排水系统总体排水设计

基坑周边深井中的水直接抽至基坑上部的检查井中,基坑中部降水井中的水或基坑内集水井中的水抽出后排至基坑周边的明沟或集水坑内,再抽至基坑上部的检查井,经沉淀由排水管统一排至场地外河道或市政管网内。

3. 集水坑和截水明沟施工

为截断坑外水进入基坑,以及方便基坑中部降水井的排水,在深井抽水一天后,就沿建筑物周边设置集水坑和明沟,集水坑和明沟边线距底板边线不小于 1200mm,根据现场情况进行调整,其中砂包挡土墙宽不小于 1000mm。因场地为回填砂层,建筑物底板外侧边坡拟采用大放坡,坡度为 1∶1.5。为方便土层滞水流出,防止砂子流失,在砂层表面铺设防砂网。明沟宽 500mm,底部防砂网上堆码砂包一层,外侧为 1500mm 砂包挡土墙,堆砂袋时必须每层反向叠码,并且每四层用 $\phi30mm$ 竹杆或 $\phi16mm$ 钢筋打入、穿好,以增加其整体性,在明沟与后浇带预埋的 PVC 相交处设集水坑一个,集水坑的边坡做法同明沟。为确保边坡的稳定性,沿明沟每 1m 打木桩,木桩打入基底深度为

1m，并沿竖向设 3 道横撑。明沟和集水坑详细尺寸及做法详见图 3-8。

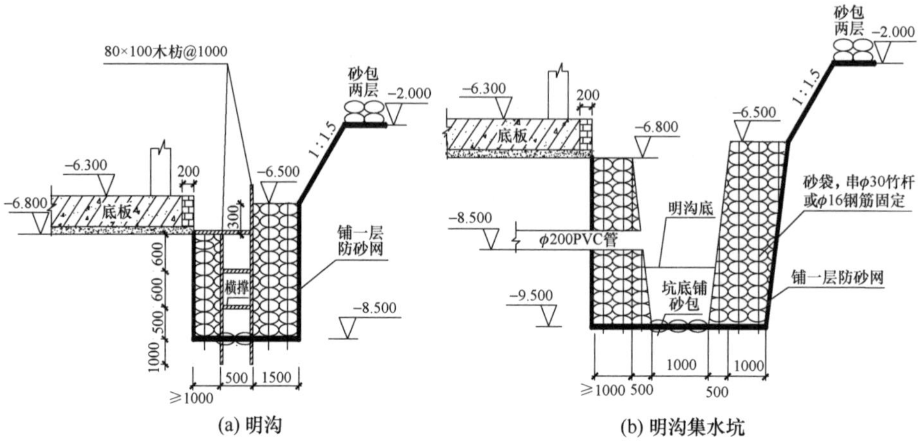

图 3-8　明沟和集水坑剖面图

4. 排水管及检查井

在基坑上部，沿建筑设排水管，基坑内降水井、明沟和集水坑中的水可抽至排水管的检查井。整个排水系统由 ϕ500mm 波纹管和检查井组成，再经沉淀池排入河道。波纹管管径为 500mm，埋深 0.5m，为防止排水管堵塞，沿排水沟每 18m 设集水井，井底标高比管底标高低 600mm，排水坡度为 0.5%。检查井尺寸为 1m×1m×1m（h），用 120mm 厚灰砂砖、M5 水泥砂浆砌筑，池内壁用 20mm 厚 1∶2 防水水泥砂浆抹面。

5. 后浇带渗沟

后浇带下埋 PVC 管从基坑一侧坡向另一侧或从基坑中间断开，分别坡向基坑周边的明沟，在 PVC 管与明沟相交处设集水坑，起始管底标高应比挖土面低 0.5～1m，与集水坑相交处管底标高比起始管底标高低 0.5m。管外侧及上部填 0.5m 厚卵石或碎石，再在上部回填砂。预埋 PVC 管的具体做法详见图 3-9。

如果 PVC 管、明沟形成后，现场排水不理想，就沿 2 条纵向后浇带增设盲沟，沟深 0.5m，下口宽 300mm，上口宽 500mm，内填卵石或碎石，用来疏干基坑内滞水，并沿盲沟设集水井。如果由 PVC 管和明沟组成的强制性排水系统较理想，就不再设盲沟和集水井。盲沟和集水井做法如图 3-10 所示。

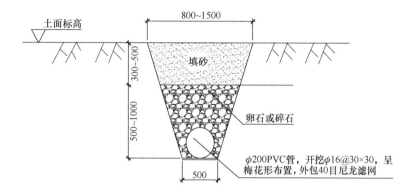

图 3-9　后浇带 PVC 排水管

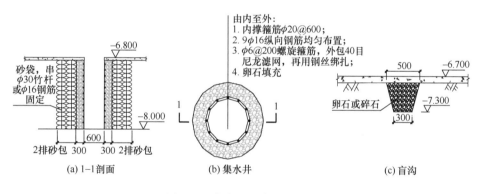

图 3-10　集水井、盲沟的做法

6. 降水井处理

降水井有的布置在基坑内的后浇带上，有的布置在底板下，根据工程进展的实际情况，在完成降水任务后就进行降水井的封闭。

基坑内的降水井在降水任务完成后进行回填封井，底板下的井按如下方法操作：

（1）在降水井施工时，按管口标高超出底板顶标高 300mm 进行控制。

（2）底板或后浇带混凝土浇筑前，在底板厚度范围内的管壁上焊 2 道 5mm 厚的钢板止水环。在浇筑混凝土时，用塑料袋将管口封闭，以免混凝土堵塞井口。

（3）在完成降水任务后就开始封井，先将高出底板面的护筒切除，再在井内采用级配砂石回填至垫层下 600mm 处，再浇筑掺加混凝土膨胀剂的 C40 混凝土至距管口 15cm 处，上部焊一块 5mm 厚钢板，钢板与护筒满焊封严，再用掺加混凝土膨胀剂的 C40 混凝土将钢板上部空管浇筑填实。具体做法如图 3-11 所示。

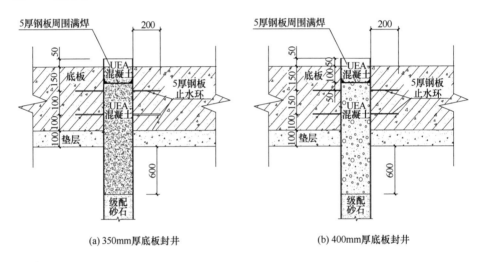

(a) 350mm 厚底板封井　　　　　　　　　(b) 400mm 厚底板封井

图 3-11　封井做法

如果地下水位较高，降水井等后浇带混凝土浇筑完成并达到设计强度后再进行封井，封井处理同底板下的降水井。

如果地下水位不高，降水井在后浇带混凝土浇筑前进行封井，做法如下：在后浇带混凝土浇筑前，先进行降水井的封闭，做法同底板下的降水井。

降水井钢管顶标高按高出垫层 50mm 进行控制。完成封井后就可以进行后浇带混凝土的浇筑。具体做法如图 3-12 所示。

7. 桩基保护

在进行边坡和明沟的施工时，对每台挖机的行走路线进行严格的规定，要放线，确保挖机、汽车按规定路线行走。对所有挖机、汽车实行分区负责制，

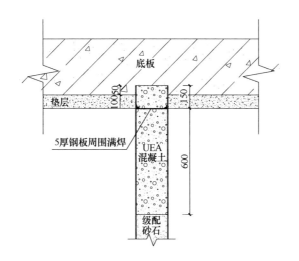

图 3-12　后浇带封井做法

只能在规定的区域内根据桩基单位提供的桩基资料，在平面图上标识现有桩基的桩顶标高，在明沟和 PVC 管开挖时，对于高出沟底 500mm 的桩头，人工挖出后先割除露出部分，防止该桩承受侧压力。

在集水井、明沟、PVC 埋管的土方开挖过程中，管桩桩基周边的土方应平衡开挖，在砂中时，周边高差控制在 1.5m 以内，在淤泥中开挖时，高差控制在 800mm 以内。

在明沟、PVC 埋管作业时，每台挖机必须配备固定管理人员，开挖前，负责该挖机的管理人员应对操作人员进行详细的交底，在挖机移动时，必须由管理人员指挥。

边坡、明沟、PVC 管开挖时，配合挖机的汽车必须是固定的，汽车的停放与行走必须由该挖机管理人员统一指挥。

明沟和集水坑（井）的开挖过程中应加强开挖面邻近桩位的监测，对于集水坑、明沟等，在土方开挖后，要及时堆砂包进行围护，避免侧向土体位移。如发现土体滑移，应及时对基坑进行回填土，同时打木桩进行围护加固。

3.3.3 保证措施

1. 质量控制

降水井施工至设计深度后应及时下管，并进行清水洗井，稀释泥浆相对密度至接近 1.05 后，立即投入滤料。严禁将井管强行插入坍塌孔底。

全部水井降水运行时，基底任意部位的水位埋深应不小于基底以下 0.5m，各水井抽排水的含砂量应小于 0.5‰。

降水时期应对各降水井和观测井的水位、水量进行同步监测。

（1）降水检验之前，应统测一次自然水位；

（2）抽水开始后，在水位未达到设计降深以前，每天观测三次；

（3）根据水位、水量观测记录，查明降水过程中的不正常状况及其产生的原因，及时提出调整补充措施，确保达到降水深度。

基坑开挖前提前降水，确保坑底无明流，达到设计降水效果方可开挖。

施工中各项参数应符合表 3-4 的要求。

降水与排水施工质量检验标准　　　　　　　　　　　　　表 3-4

序号	检查项目	允许值或允许偏差		检查方法
		单位	数值	
1	排水沟坡度	—	1‰～2‰	目测：沟内不积水，沟内排水畅通
2	井管（点）垂直度	—	1%	插管时目测
3	井管（点）间距（与设计值相比）	mm	≤150	钢尺量
4	井管（点）插入深度（与设计值相比）	mm	≤200	水准仪
5	过滤砂砾料填灌（与设计值相比）	—	≤5%	检查回填料用量
6	井点真空度：真空井点	kPa	＞60	真空度表
	喷射井点	kPa	＞93	真空度表
7	电渗井点阴阳极距离：真空井点	mm	80～100	钢尺量
	喷射井点	mm	120～150	钢尺量

2. 安全措施

注意保护井口，防止杂物掉入井内；在集水井、明沟、集水坑边做好安全标识，并进行围护，防止发生坠落事故。

降水期间应对抽水设备和运行状况进行维护检查，发现问题及时处理，使抽水设备始终处于正常运行状态，严禁降水期间随意停抽。

基坑开挖时，宜备有应急排水设备及电力设施，一旦发生异常现象应及时补救。对边坡局部渗水段及基底积水处，可挖设积水坑和盲沟，安放潜水电泵，及时排出坑内积水，防止事态扩大。

降水监测与维护期，应持续至±0.000以下结构施工完毕。

雨期备用大口径、大流量抽水设备，做到随要随拿。

在施工过程中加强工程桩的保护，不得破坏工程桩。

对明沟、集水井，以及边坡的稳定性定期观测，确保降水系统的安全。

3. 环保措施

施工过程中严格按照相关规范执行，施工中产生的边角余料运至指定点堆放。禁止将有毒、有害废弃物用于基坑回填。

现场所有机械能加消声器的均加消声器以减少机械噪声，保证施工区的生活和休息质量。严格控制人为噪声，进入施工现场不得高声喊叫、乱吹哨，最大限度地减少扰民。严格控制强噪声作业时间，一般从晚10点到次日早6点间停止强噪声作业，确系特殊情况必须夜间施工时，尽量采取降噪措施。

夜间施工时，对施工用照明采取适当的防护措施，避免影响附近居民的休息；基坑排水应经沉淀后由排水管统一排至场地外河道或市政管网内。

3.4 超长混凝土墙面无缝施工及综合抗裂技术

地下室混凝土墙体在施工期间经常产生裂缝，特别是在超长混凝土结构中，该裂缝会对建筑使用功能、结构耐久性能、结构承载能力等造成影响。而地下室回填的早晚也直接影响到墙体裂缝的产生，越早回填，对混凝土墙体抗裂越有利。因此，越来越多的地下室墙体都采取了墙体无缝施工的技术。本节对超长混凝土墙面无缝施工技术进行了详细阐述，其可有效地对超长混凝土墙面的裂缝进行控制。

与传统的混凝土墙面施工方法相比，超长混凝土墙面无缝施工具有以下特点：

（1）墙面施工中取消了永久性伸缩缝和后浇带，采用留设膨胀加强带的方式代替，可以大大将室外回填的时间提前。

（2）在传统混凝土配合比设计的基础上提出了专门的混凝土抗裂优化设计，且强调全过程综合控制。

（3）施工工艺简单，无须特殊的技术措施，选用常规建筑材料及机具设备，易于推广运用。

本技术适用于各种类型的超长混凝土墙施工，特别适用于要求地下室回填早的地下室外墙施工。

3.4.1 工艺原理及流程

1. 工艺原理

超长混凝土墙体施工期间开裂主要是由于混凝土主动收缩、温度变形等引起，裂缝主要分为三大类，包括初始微裂缝，塑性收缩、沉降收缩等引起的裂缝，以及混凝土墙体由于温度、收缩应力过大引起的开裂。各类裂缝的研究尺度、机理、防治措施有所不同。

现浇混凝土墙体在施工期间开裂，有些是由单一因素引起的，如环境温度、湿度变化等，但更多的是由多种因素的综合作用形成。诸如，原材料及配合比方面：混凝土配合比不合理，各种原因导致的混凝土过大收缩变形等；施工过程方面：浇筑时混凝土的工作性能、养护方案不合理等。混凝土墙体施工期间裂缝可在事前、事中从原材料优选、施工配合比优化设计、结构及构造优化设计、施工过程控制及施工过程监测等多方面采取措施进行综合控制。

本技术强调全过程综合控制，在传统混凝土配合比设计的基础上进行专门的原材料优选及混凝土配合比优化设计；考虑混凝土施工期裂缝防治的要求，进行结构设计及构造措施的优化；在混凝土浇筑中采用设置膨胀加强带的施工技术；加强混凝土浇筑、养护等施工过程的有效控制，尤其是浇筑时对混凝土内外温差及外表面与环境温差的限制、混凝土工作性能的要求及对模板、对拉螺栓等的要求。

2. 工艺流程

建立全过程控制体系是混凝土超长墙体施工期裂缝控制所必不可少的，该体系是在传统混凝土工艺流程的基础上，针对施工期裂缝防治完善而成。

施工工艺流程如图 3-13 所示。

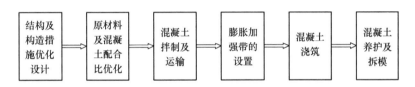

图 3-13　施工工艺流程图

3.4.2　施工操作要点

1. 结构及构造措施优化设计

（1）混凝土应具有足够的强度，较小的早期收缩变形及良好的抗裂能力，混凝土强度等级建议为 C30～C40，应不大于 C40。

（2）墙体中的钢筋应有足够的配筋率，钢筋布置宜细而密。墙体中的钢筋除应满足强度要求外，还应充分考虑混凝土收缩而加强配筋。水平构造钢筋宜置于受力钢筋外侧，当置于内侧时，宜在混凝土保护层内加设防裂钢筋网片。

（3）考虑混凝土收缩变形规律，结合结构计算和工程经验确定配筋率及间距。

建议：钢筋混凝土剪力墙的水平和竖向分布钢筋的配筋率 ρ_{sh}（$\rho_{sh}=\dfrac{A_{sh}}{bs_v}$，$s_v$ 为水平分布钢筋的间距）、ρ_{sv}（$\rho_{sv}=\dfrac{A_{sv}}{bs_h}$，$s_h$ 为竖向分布钢筋的间距）不应小于

0.2%。结构中重要部位的剪力墙，其水平和竖向分布钢筋的配筋率宜适当提高。剪力墙中温度、收缩应力较大的部位，水平分布钢筋的配筋率适当提高。

（4）墙中的预埋管线宜置于受力钢筋内侧，当置于保护层内时，宜在其外侧加置防裂钢筋网片。预留孔、预留洞周边应配有足够的加强钢筋并保证有足够的锚固长度。

2. 原材料及混凝土配合比优化

（1）原材料选择

采用均匀、稳定，与外加剂具有良好的适应性，早期化学收缩性较小的42.5级普通硅酸盐水泥。添加优质粉煤灰。采用级配良好的碎石和中砂作为混凝土的粗、细骨料，严格控制砂的含泥量，减少孔隙率，增大表面积。碎石压碎指标小于12%，粒径为25～40mm，含泥量不得大于0.6%，且不得含有机杂质；中砂含泥量不得超过3%，通过0.315mm筛孔的砂不得少于总量的15%。从而尽量减少水化热，达到减少收缩裂缝，提高抗裂性能的目的。

（2）混凝土配合比优化

混凝土配合比设计中严格控制水灰比、坍落度，最大限度地减少早期干缩裂缝的产生。由于工程中采用的是商品混凝土，应根据施工部位的不同及时向混凝土生产厂家提出不同的配合比技术要求，并进行试配，以利于混凝土配合比的优化设计，确保商品混凝土满足以下的技术参数要求：① 水灰比控制在0.45～0.5，坍落度控制在140～160mm；② 初凝时间不少于8h；③ 砂率控制在40%～45%；④强度满足设计要求；⑤掺加外加剂，外加剂能起到降低水化热峰值及推迟峰值热出现的时间，延缓混凝土凝结时间，减少混凝土水泥用量，降低水化热，减少混凝土的干缩，提高混凝土强度，改善混凝土和易性；⑥掺入0.9kg/m³的聚丙烯单丝纤维，直径及长度为48μm和19mm，以提高混凝土的抗拉能力，有利于混凝土的裂缝控制；⑦ 掺加适量粉煤灰，以降低水化热；⑧抗渗等级P6～P8。

3. 混凝土拌制及运输

（1）混凝土拌制应有详细的技术要求，从而有效地进行混凝土施工期裂缝控制。应严格记录每车混凝土的搅拌时间、出站时刻、进场时刻、开始浇筑时刻、浇筑完成时刻，并分批汇总分析。

（2）如果异常天气情况下输送混凝土，容器上应加盖，以防进水或水分蒸发。冬期施工应加以保温，混凝土出厂时的坍落度建议在 $160\sim180$mm 之间，运输过程中的坍落度损失控制在 20mm 以内为宜。

4. 膨胀加强带的设置

①混凝土膨胀加强带的划分可按照图纸后浇带位置留设，留设宽度一般以不小于 2m 为宜；②膨胀加强带墙体的施工间隔以 $7\sim14$d 为宜，不应小于 7d；③膨胀加强带墙体用钢丝网封挂预留直线施工缝，后浇混凝土采用膨胀混凝土且应比墙体混凝土高一个等级，最好应留设止水钢板，按常规施工缝要求施工。

5. 混凝土浇筑

①混凝土浇筑时，应保证振捣的时间和位置，防止漏振、欠振和过振。对已经初凝的混凝土不应再次进行振捣，避免破坏已形成的混凝土结构强度，应待其充分凝固、硬化后按施工缝进行处理。②混凝土的入模坍落度不宜过大，建议不大于 160mm，混凝土扩展度以 400mm 以上为宜，严禁在搅拌机外二次加水搅拌。③对于墙与板等截面相差较大的构件或结构，应先浇筑较深的部分，根据气候条件静停 $0.5\sim1.5$h 后再与较薄部分一起浇筑，以防止产生沉降裂缝。④施工缝的留置应严格按设计要求和施工技术方案确定。超长的墙体宜采用无缝跳仓施工技术，以有效控制其收缩、温度裂缝。⑤混凝土浇筑时，其内外温差应不大于 25℃，外表面与环境温差应不大于 25℃，浇筑高度不超过 2m。⑥模板建议采用保温保湿效果较好的木模板。对拉螺栓要求具有止水功能。

6. 混凝土养护及拆模

①混凝土初凝后应及时养护。当采用木模板时建议带模养护，或适当延缓拆模时间。②模板拆除除应符合强度及外观的限定要求外，还应考虑混凝土水化温升，温降变化规律及混凝土收缩变化规律，自然环境温度、湿度、风速、

日照等情况，合理确定拆模时间。不宜在混凝土温度峰值时拆除模板及淋冷水养护。可以在混凝土浇筑 3d 后，采用模板上口开小缝隙的方法，小水慢淋进行墙体养护，养护用水以与墙体外表面温度相近为宜。有条件时建议混凝土浇筑 7d 后脱模。③混凝土施工应根据天气情况，尽量避免雨中混凝土浇筑施工，防止刚浇筑完的混凝土被雨水浇淋。④在干燥、高温、暴晒或风力较大的环境条件下浇筑的预拌混凝土或泵送混凝土，应加强覆盖或保湿养护。

7. 质量控制

新拌混凝土的坍落度不宜过大，建议出厂时为 160～180mm，入模时为 140～160mm；在控制混凝土坍落度的同时应控制有合适的坍落扩展度，建议大于 400mm 为宜，试验按相关规范进行。

墙体允许偏差见表 3-5。

墙体允许偏差   表 3-5

项目		允许偏差（mm）	检验方法
轴线位置		5	钢尺检查
垂直度	层高≤5m	8	经纬仪或吊线、钢尺检查
	层高>5m	10	经纬仪或吊线、钢尺检查
标高（层高）		±10	水准仪或拉线、钢尺检查

混凝土施工完毕不应出现宽度大于 0.05mm 的裂缝。

混凝土浇筑时，其内外温差应控制在 25℃以内，外表面与环境温差应控制在 25℃以内。混凝土初凝后应及时养护。建议采用木模板带模养护，或在混凝土浇筑 3d 后，采用模板上口开小缝隙的方法，小水慢淋进行墙体养护，养护用水以与墙体外表面温度相近为宜。有条件时建议混凝土浇筑 7d 后脱模。

3.4.3 保证措施

1. 质量保证

在浇筑混凝土之前，应对模板工程进行验收。模板及其支架拆除的顺序及安全措施应按施工技术方案执行。

模板接缝不应漏浆；在浇筑混凝土前，木模板应浇水湿润，但模板内不应有积水；模板与混凝土的接触面应清理干净并涂刷隔离剂，但不得采用影响结构性能或妨碍装饰工程施工的隔离剂。

模板拆除时混凝土强度应满足规范要求，不应对楼层形成冲击荷载。拆除的模板和支架宜分散堆放并及时清运。

在混凝土浇筑前，应进行钢筋隐蔽工程验收。钢筋应平直、无损伤，表面不得有裂纹、油污、颗粒状或片状老锈。

钢筋安装时，受力钢筋的品种、级别、规格和数量必须符合设计要求。

水泥进场时应对其品种、级别、包装或散装仓号、出厂日期等进行检查，并应对其强度、安定性及其他必要的性能指标进行复检。

混凝土中掺用外加剂的质量及应用技术、混凝土中氯化物的总含量应符合相关标准。

混凝土运输、浇筑及间歇的全部时间不应超过混凝土的初凝时间。同施工段的混凝土应连续浇筑，并应在底层混凝土初凝之前将上一层混凝土浇筑完毕。当底层混凝土初凝后浇筑上一层混凝土时，应按施工技术方案中对施工缝的要求进行处理。

施工缝的位置应在混凝土浇筑前按设计要求和施工技术方案确定。施工缝的处理应按施工技术方案执行。

混凝土浇筑完毕后，应按施工技术方案及时采取有效的养护措施。

2. 安全措施

①应在浇筑完毕后的 12h 以内对混凝土加以覆盖并保湿养护。②混凝土浇水养护的时间：对采用硅酸盐水泥、普通硅酸盐水泥或矿渣硅酸盐水泥拌制的混凝土，不得少于 7d；对掺用缓凝型外加剂或有抗渗要求的混凝土，不得少于 14d。③浇水次数应能保持混凝土处于湿润状态；混凝土养护用水应与拌制用水相同。④采用塑料布覆盖养护的混凝土，其敞露的全部表面应覆盖严密，并应保持塑料布内有凝结水。⑤混凝土强度达到 $1.2N/mm^2$ 前，不得在其上踩踏或安装模板及支架。

现浇结构的外观质量不应有严重缺陷；现浇结构不应有影响结构性能和使用功能的尺寸偏差。

认真贯彻"安全第一、预防为主"的方针，根据国家有关规定、条例，结合施工单位实际情况和工程的具体特点，组成专职安全员和班组兼职安全员以及工地安全用电负责人参加的安全生产管理网络，落实安全生产责任制，明确各级人员的职责，抓好工程的安全生产。

认真落实安全生产岗位责任制、交底制和奖罚制。每道工序施工前必须逐级进行安全交底，并落实到书面上。从事施工的各级人员，必须持证上岗，各级机械操作人员，严格遵守操作规程，无证上岗、酒后上岗、违章作业造成事故的追究当事人直接责任。

混凝土浇筑施工作业中，要注意观察模板及支架、混凝土输送泵管等有无过大变形或松脱现象，发现问题，应及时处理。

施工现场的临时用电严格按照《施工现场临时用电安全技术规范》JGJ 46—2005 的有关规定执行。施工现场使用的手持照明灯应采用 36V 的安全电压。

施工现场按符合防火、防风、防雷、防触电等安全规定及安全施工要求进行布置，并完善各种安全标识。

各类房屋、库房、料场等的消防安全距离做到符合公安部门的规定，室内不堆放易燃品；严格做到不在木工加工场、料库等处吸烟；随时清除现场的易燃杂物；不在有火种的场所或其近旁堆放生产物资。

氧气瓶与乙炔瓶隔离存放，严格保证氧气瓶不沾染油脂。乙炔发生器有防止回火的安全装置。

电缆线路应采用"三相五线"接线方式，电气设备和电气线路必须绝缘良好，场内架设的电力线路其悬挂高度和线路间距除应符合安全规定外，还应将其布置在专用电杆上。

室内配电柜、配电箱前要有绝缘垫，并安装漏电保护装置。

建立完善的施工安全保证体系，加强施工作业中的安全检查，确保作业标准化、规范化。

3. 环保措施

严格遵循项目所在地行政主管部门和相关行业的文件精神及要求，并制定以下措施：

（1）成立对应的施工环境卫生管理机构，在工程施工过程中严格遵守国家和地方政府发布的有关环境保护的法律、法规和规章，加强对施工燃油、工程材料、设备、废水、生产生活垃圾、弃渣的控制和治理，遵守有关防火及废弃物处理的规章制度，做好交通环境疏导，充分满足便民要求，认真接受城市交通管理，随时接受相关单位的监督检查。

（2）任务下达前，由项目工程师按国家或地方有关施工环保措施及企业环境管理体系要求，进行必要的培训。

（3）将施工场地和作业限制在工程建设允许的范围内，合理布置、规范围挡，做到标牌清楚、齐全，各种标识醒目，施工场地整洁。

（4）设立专用排水沟，对施工污水进行有序集中排放，认真做好无害化处理，从根本上防止施工污水乱流。

（5）定期清运施工弃渣及其他工程废弃物，弃渣及其他工程废弃物按工程建设指定的地点和方案进行合理堆放和处置。

（6）现场加大管理力度，优先选用先进的环保机械。杜绝混凝土运输车辆遗撒及施工现场扬尘，减少环境污染，混凝土运输车辆进出大门时必须清理干净。

（7）认真执行国家、地方（行业）对减少施工噪声的要求，将混凝土施工噪声控制在允许范围之内，同时尽量避免夜间施工。

（8）对施工场地道路进行硬化，并在晴天经常对施工通行道路进行洒水，防止尘土飞扬，污染周围环境。

3.5　大面积钢筋混凝土地面无缝施工技术

超大面积钢筋混凝土地面无缝施工技术，突破规范要求，可大大缩短地面施工工期，显著增强地面结构的整体性，提高地面的使用性能，该技术有着广阔的发展空间和应用前景。推广和应用该项技术有利于提高国内钢筋混凝土楼地面的施工水平。

与传统的钢筋混凝土地面施工方法相比，超大面积钢筋混凝土地面无缝施工具有以下特点：

（1）施工缝间距、分块尺寸远远大于目前有关规范在钢筋混凝土地面施工中的分仓设缝要求。

（2）地面施工中取消了永久性伸缩缝、沉降缝和后浇带，采用分块跳仓浇筑方式，可以大大缩短地面施工工期。

（3）混凝土配制中采用"双掺技术"，不仅能提高混凝土的抗裂能力，改善混凝土的工作性能，而且利用废料，节约资源，降低成本。

（4）综合考虑设计、材料、施工、环境等多方面影响因素，提高了混凝土表面抗裂性能，有效控制混凝土质量。

（5）施工工艺简单，无须特殊的技术措施，选用常规建筑材料及机具设备，易于推广运用。

本技术适用于大面积楼地面的垫层、钢筋混凝土结构层、找平层的施工，特别适用于对楼面、地面使用性能要求高的工业厂房、大型公共建筑工程等。

3.5.1　工艺原理及流程

1. 工艺原理

超大面积钢筋混凝土地面无缝施工是在传统的留置后浇带和伸缩缝的基础上发展而来的新型施工技术，指在地面混凝土施工中不设置伸缩缝和后浇带，用施工缝将地面按一定尺寸分为若干块，相邻块间隔浇筑，待先浇筑混凝土经过较大的收缩变形后，再将地面连接浇筑成一个整体。这种跳仓浇筑采用了短距离释放应力的办法应对较大的收缩，待混凝土经过早期较大的温差和收缩后（7～10d），各仓浇筑连接成整体，应对以后较小的收缩。即"先放后抗，抗放兼施，以抗为主"的辩证控制原则。

2. 工艺流程

本技术施工工艺流程见图 3-14。

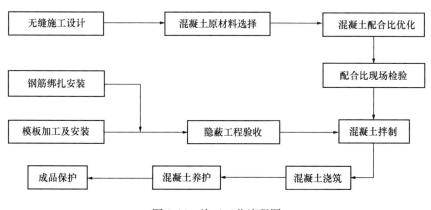

图 3-14　施工工艺流程图

3.5.2　施工操作要点

1. 无缝施工设计

（1）施工前应进行无缝施工设计。无缝施工设计的关键是对跳仓间距的设计，即对采用无缝施工的混凝土地面各层（如垫层、钢筋混凝土结构层、找平层等）分别进行跳仓间距的计算。具体方法是：运用地基上混凝土板的平均伸缩缝间距计算公式［式（3-20）］，计算出不留伸缩缝的间距，也就是跳仓施工的跳仓间距。

$$[L] = 1.5\sqrt{\frac{EH}{C_x}}\,\mathrm{arcch}\,\frac{|\alpha T|}{|\alpha T| - \varepsilon_p} \tag{3-20}$$

式中　E——混凝土早期弹性模量（Pa）；

H——混凝土板的厚度（mm）；

55

C_x——下层结构的水平阻力系数；

α——混凝土线膨胀系数；

T——混凝土综合温差（水化热温差，收缩当量温差，环境温差代数和，℃）；

ε_p——混凝土的极限拉伸（$\mu\varepsilon$）。

（2）在计算出每层混凝土跳仓间距后，结合实际柱网情况确定超大面积钢筋混凝土地面无缝施工的最终跳仓间距。

（3）编制混凝土施工方案时应保证相邻两块混凝土浇筑间隔时间不得少于 7d。

2. 结构设计优化

（1）在混凝土施工中，混凝土强度等级高，会使水泥用量增加，从而导致混凝土内部温度过高，造成内外温差过大，从而引起结构物的开裂。因此，对于超大超长混凝土结构，应在满足抗弯及抗冲切的计算要求下，尽可能采用 C20～C35 的混凝土。

（2）合理设置分布钢筋，尽量采用小直径、密间距布置。例如，直径为 8～14mm 的钢筋，间距 150mm，按全截面对称配置比较合理，可提高抵抗贯穿性开裂的能力。对保护层厚度较大的位置设置钢板网，可有效抵抗混凝土表面裂缝的产生。

（3）混凝土配合比设计：

1）混凝土的配合比设计应使混凝土在满足强度要求、减小水化热温差、减小混凝土收缩的前提下具有良好的施工性能。

2）进行混凝土配合比优化，主要从坍落度、和易性、水灰比、砂率、含气量、坍落度损失和强度等方面反复试验调整，经现场检验后确定混凝土的最终配合比，同时确定混凝土的生产工艺参数及性能指标。

3）混凝土坍落度严格控制在 10±2cm 范围内。

（4）施工技术准备：

1）根据设计要求、合同约定和施工规范要求，明确混凝土的质量验收标准。

2）编制混凝土施工方案，制定钢筋、模板、混凝土专项施工措施，季节性施工措施以及成品保护措施等。

3）综合结构、建筑、设备、电气图纸，全面考虑装修预埋件以及设备管线的预留预埋，避免事后剔凿。

（5）模板安装：

1）用槽钢模（刷隔离剂）分仓，槽钢的安装位置须与分仓缝重合，并拉通线校直，检查其标高是否符合要求，确保钢模表面标高即为完成面标高，以方便混凝土浇筑时滚筒施工和机械作业。

2）靠墙四周，无法支模的墙面根据墙上弹出的面层标高水平墨线拉线进行局部找平（图 3-15）。

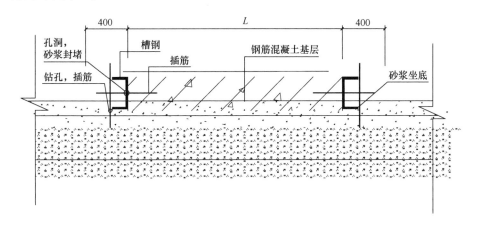

图 3-15 钢筋混凝土基层支模大样图

3. 钢筋绑扎安装

钢筋按分仓设计分块独立绑扎，块内钢筋采用不截断连续绑扎方式。对预留搭接钢筋进行校正；控制钢筋保护层厚度，确保截面有效高度。

4. 混凝土拌制

（1）严格执行同一配合比，保证原材料不变（同产地、同规格、主要性能指标接近）、水灰比不变。

（2）控制好混凝土搅拌时间，混凝土的搅拌时间应比普通混凝土延长15～20s。

（3）混凝土搅拌站根据气温条件、运输时间（白天或夜间）、运输道路的距离、砂石含水率变化、混凝土坍落度损失等情况，及时适当地对原施工配合比（水灰比）进行微调，确保混凝土供应质量。

5. 混凝土浇筑

（1）混凝土浇筑前，清理模板内的杂物，并检查保护层垫块是否放好，完成对钢筋、管线预留预埋等隐蔽工程验收。

（2）合理安排调度，保证混凝土连续浇筑，避免出现施工冷缝。混凝土运输时间控制在规定时间内（根据天气及路程计算），以免坍落度损失过大而影响混凝土的均一性。加强混凝土进场检验，目测混凝土外观质量，有无泌水离析，保证混凝土拌合物质量。

6. 混凝土振捣

（1）混凝土振捣应从中间向边缘进行，振点按"梅花形"布设，并使振动棒在振捣过程中上下略有抽动，振动棒移动间距为200mm左右，对施工缝和预留空洞等薄弱环节应充分振动，以确保混凝土密实，对设备基础等钢筋密集的部位不得出现漏振、欠振或过振，并在振捣过程中及时排除泌水。

（2）掌握好混凝土振捣时间，一般以混凝土表面呈水平并出现均匀的水泥浆、不再有显著下沉和大量气泡上冒时即可停止，混凝土振捣时间一般控制在每个点15～20s。

（3）为提高混凝土的密实性，减少内部微裂缝，对施工缝处等薄弱环节采用二次振捣工艺，即当混凝土浇筑后即将凝固时，在适当的时间内再振捣，掌握好二次振捣的时间间隔（以2h为宜）。

（4）控制好混凝土浇筑之间的间歇时间，做到连续而有序的作业。在混凝土振捣中，不得碰撞各种预埋件，不得振捣模板、钢筋等；粘在钢筋上的砂浆和混凝土应轻轻碰落。

7. 混凝土平整

（1）地面水平：在混凝土浇筑基本到位时，使用较重的钢制长辊（钢辊应宽于模板 0.5m 以上）于钢模上多次反复滚压，以保证混凝土面水平。滚压作业时，混凝土工应事先去除钢模上之异物，以免影响地面的平整度。在无法使用钢辊作业的部位，应采用长靠尺做出混凝土完成面。混凝土的水平标高则应由水平仪随时检测确认。混凝土平整度应控制在 ±5mm 范围之内。

（2）去除泌水：混凝土面平整完成后，应使用橡胶管去除多余泌水。

8. 混凝土机械收面

（1）待混凝土浇筑至设计标高并赶平后，利用加装圆盘的机械镘刀进行至少两次提浆作业，提浆过程中及时进行泌水处理。操作应纵横交错进行，以退磨方式为主，避免产生脚印。

（2）待圆盘施工至一定程度后，取下圆盘进行机械镘刀抹平及压光作业，操作应纵横交错进行，机械镘刀角度应逐渐加大。

（3）待混凝土初凝时，根据地面的实际情况采用机械镘刀反复紧光，运行时机械镘刀由前向后、左右反复、每趟压搓，反复三遍以上，以获得初步平整光洁的表面效果。机械镘刀运转速度和角度的变化应视混凝土地面的硬化情况作调整。

9. 混凝土养护

（1）无缝混凝土地面的混凝土养护是一个重要环节，必须加强混凝土地面的保湿养护。

（2）混凝土应尽早养护，以便使混凝土有充足的硬化时间。

（3）采取覆盖塑料薄膜和麻袋，与洒水养护相结合的养护方案。

（4）在混凝土压实抹平后立即用塑料薄膜包裹，边角接槎严密压实，然后在外覆盖 2 层麻袋。养护之前和养护过程中都要洒水保持湿润，养护时间不得少于 14d。

（5）对混凝土地面宜采用动态养护，即现场监测已浇混凝土块体内温度及应力在各龄期的变化，通过测试的实际数据及时调整养护方案，达到对混凝土地面温控防裂的目的。

3.5.3 保证措施

1. 质量控制措施

为保证钢筋保护层厚度尺寸及钢筋定位的准确性，宜采用制作的钢筋马凳或定型生产的纤维砂浆块。浇筑混凝土前，应仔细检查钢筋马凳或保护层垫块的位置、数量及其紧固程度，并应指定专人作重复性检查，以提高保护层厚度尺寸的施工质量保证率。构件底面根据设计跳仓间距，分块跳仓施工，间隔时间不少于 7d。

插入式振动棒需变换其在混凝土拌合物中的水平位置时，应竖向缓慢拔出，不得放在拌合物内平拖。泵送下料口应及时移动，不得用插入式振动棒平拖驱赶下料口处堆积的拌合物、将其推向远处。

混凝土层除采用插入式振动棒、平板振动器振捣外，还应采用滚筒来回碾压提浆。在炎热气候下浇筑混凝土时，应避免模板和新浇混凝土受阳光直射，入模前的模板与钢筋温度以及附近的局部气温不应超过 40℃。应尽可能安排傍晚浇筑而避开炎热的白天，也不宜在早上浇筑以免气温升到最高时加速混凝土的内部温升。

在混凝土浇筑后的抹面压平工序中，严禁向混凝土表面洒水，并应防止过度操作影响表层混凝土的质量。

混凝土潮湿养护时间一般不少于 14d。在整个潮湿养护过程中，应根据混凝土温度与气温的差别及变化，及时采取措施，控制混凝土的升温和降温速率。

2. 安全管理措施

落实安全生产责任制，明确各级管理人员和各班组的安全生产职责，对各班组进行有针对性的安全技术交底（履行签字手续）。会后由专职安全员对各班组施工人员进行上岗前的安全教育和安全技能培训。

严格按安全操作规程施工，对施工现场所有施工机械设备统一定期进行安全检查，发现问题及时解决。

选择有经验的熟练工人，每班配备专业技术安检人员，配备专业电工。

特殊或危险工序要有针对性的施工方案；特殊工种人员必须经过专门培训，持证上岗。

执行施工现场临时用电安全管理制度，实行三相五线制，做到一机一闸一保护，配备专职电工，施工中的所有电气线路的安装、拆卸和维修统一由电工操作。电工必须对电气及电气线路经常进行检查，定期测试并认真记录。

编写安全管理应急预案，主要包括：《预防机械伤害应急预案》《预防漏电伤害应急预案》等。

3. 环保措施

对施工现场的噪声、废水、建筑垃圾等进行监测，均须达到国家和地方环保标准要求。

对施工现场的主要道路进行硬化处理，裸露的场地采取覆盖措施。

搭设封闭的水泥棚存放水泥，砂要集中堆放，防止扬尘。

施工现场设置密闭式垃圾站，施工垃圾和生活垃圾分类存放，并及时清运出场。防止施工噪声、夜班灯光和电焊弧光对周围居民正常生产生活造成影响。

3.6 大面积钢结构整体提升技术

随着国民经济的蓬勃发展，许多大跨度钢结构屋顶出于外观和受力的考虑，设计越来越新颖，这也给施工提出了新的难题。福州海峡国际会展中心会议中心四层屋顶为大跨度钢结构桁架，桁架最大跨度为50m，单榀桁架高4.2m，单榀桁架最重约37t，共有主桁架17榀，次桁架6榀，钢结构总重约800t，桁架离地面高度约10m，散装拼装桁架困难比较大。在这种情况下，项目部采用了液压整体提升的施工方法进行安装。证明对于此类结构采用整体提升的办法来进行安装，既安全、可靠，又便捷、经济。

该技术采用楼（地）面拼装和利用计算机控制液压同步提升技术多点高精

度整体提升的方法，解决了超长钢桁架、大屋盖的起重和安装施工任务，节约了资金、缩短了工期，大大降低了安全防护的难度。

该技术结合工程中的结构形式，尽量利用原结构作为提升的上、下锚点，既方便安装、拆卸，又不影响受力，同时也降低了成本；通过分析和计算，合理选择提升点位，减少桁架提升引起的变形。

该技术通过一系列的测量和焊接措施，保证了桁架地面拼装和提升的高精度，实现了现场拼装高强度螺栓的顺利穿过。

该技术适用于大跨度钢屋盖结构、高层或超高层钢桁架结构等大型钢结构工程，常用于以下几种情形：

（1）钢结构体型及面积较大，空中组拼难度较大，层高较高的钢网架、钢桁架构成的屋盖结构，如体育场馆、展览中心、影剧院等。

（2）钢结构跨度较大，单个杆件重量大，结构刚性较好，架空较高的钢桁架构成的支撑、梁、连廊（通廊）等。

（3）提升过程中的受力状态与设计工况受力状态相近，可确保钢结构在结构面或地面位置拼装，能减少高空作业，降低措施费用和安全风险。

3.6.1 工艺原理及流程

1. 工艺原理

"液压同步提升技术"采用液压提升器作为提升机具，柔性钢绞线作为承重索具。液压提升器为穿芯式结构，以钢绞线作为提升索具，有着安全、可靠、承重件自身重量轻、运输安装方便、中间不必镶接等一系列独特优点。

液压提升器两端的楔形锚具具有单向自锁作用。当锚具工作（紧）时，会自动锁紧钢绞线；锚具不工作（松）时，放开钢绞线，钢绞线可上下活动。

2. 工艺流程

液压提升过程如图 3-16 所示，一个流程为液压提升器的一个行程。当液压提升器周期重复动作时，被提升重物则一步步向前移动。

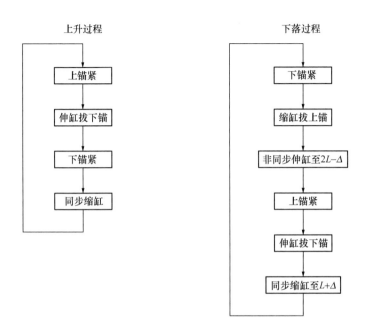

图 3-16　液压提升过程

3.6.2　施工操作要点

提升的主要设备为计算机控制系统。液压同步提升施工技术采用行程及位移传感监测和计算机控制，通过数据反馈和控制指令传递，可全自动实现同步动作、负载均衡、姿态矫正、应力控制、操作闭锁、过程显示和故障报警等多种功能。

操作人员可在中央控制室通过液压同步计算机控制系统人机界面进行液压提升过程及相关数据的观察和（或）控制指令的发布。

3.6.3　保证措施

1. 质量控制

①按优化的施工组织设计和施工方案做好施工准备工作，编制项目质量保

证计划。②提升过程中对于油漆损伤的部位及时补油漆。③严格按照图纸及国家施工与验收规范施工。④在影响质量的关键点、关键部位设置质量管理点。按 PDCA 循环过程开展质量管理小组活动。⑤施工中合理安排上下道工序的衔接，严格执行自检、互检、专检制度，保证施工质量。⑥提升速度保持在 300mm/min 以下，尽量减小动态结构的影响。⑦各级质检人员要跟踪检查，发现问题立即纠正，行使质量否决权。

2. 安全措施

会展建筑高空作业多，施工难度大，对于高空作业的安全措施尤为重要。

所有施工人员要了解、熟悉施工方案及工艺，在施工前必须逐级进行安全技术交底，交底内容须针对性强，并做好记录，明确安全责任，班后总结。

在施工区域拉好红白带，专人看管，严禁非施工人员进入。吊装时，施工人员不得在起重构件、起重臂下或受力索具附近停留。

在安装钢绞线时，应搭设安装、操作临时平台，地面应划定安全区，应避免重物坠落，造成人员伤亡；下降前，应全面清场；在下降过程中，应指定专人观察地锚、上下吊耳、提升器、钢绞线等的工作情况，若有异常现象，直接通知现场指挥。

在施工过程中，施工人员必须按施工方案的作业要求进行施工。如有特殊情况需进行调整时，则必须通过一定的程序以保证整个施工过程安全。

在钢网架整体液压同步提升过程中，注意观测设备系统的压力、荷载变化情况等，并认真做好记录工作。

在液压提升过程中，测量人员应通过测量仪器配合测量各监测点位移的准确数值。

液压提升过程中应密切注意液压提升器、液压泵源系统、计算机同步控制系统、传感检测系统等的工作状态。

高空作业人员经医生检查确认身体健康、合格，才能进行高空作业。高空作业人员必须戴好安全带，安全带应高挂低用。

大风、大雨、雪天不得从事露天高空作业，施工人员应注意防滑、防雨、防水及用电防护。不允许雨天进行焊接作业，如必须，须设置可靠的挡雨、挡风篷，防护后方可作业。禁止在风速五级以上天气进行提升或下降工作。

吊运设备和结构要做好准备，有专人指挥操作，遵守吊运安全规定。

易燃、易爆有毒物品一定要隔离加强保管，禁止随意摆放。施工现场焊接或切割等动火操作时要事先注意周围环境有无危险，清除易燃物，并派专人监护。

各工种人员要持证上岗，严格遵守本工种安全操作规程。在安装中不能抱侥幸心理，而忽视安全规定。

3.7　大跨度空间钢结构累积滑移技术

大跨度空间结构蓬勃发展表现在：跨度越来越大，造型越来越新颖别致，结构越来越复杂。同时，现代人生活节奏加快，市场条件瞬息万变，导致业主对工期的要求也越来越高。传统的施工工艺已无法满足施工的需要，施工单位正采取各种手段进行施工改革。本节以国家会议中心工程为例，总结了一套不同施工条件下的胎架累计滑移工艺。

工艺特点如下：

（1）大跨度桁架体系直接就位在设计位置，支座安装精度易于保证。

（2）行走式塔式起重机和胎架沿同一方向同步退吊。整个屋盖钢结构吊装仅由两台以下行走式塔式起重机和一组胎架即可完成。

（3）可充分利用桁架下部的楼面或地面结构，降低了结构的安装高度，同时不需要大量的脚手架及脚手架搭拆人员，降低了设备投入成本。

（4）采用该工艺使屋盖钢结构的吊装、组对、焊接、测量校正、油漆等工序都可在同一胎架上重复进行，既可提高屋盖的安装质量、改善施工操作条件，又可增加施工过程中的安全性。

本技术适用于复杂支承条件的大跨度单跨、多跨空间桁架或网架结构，最适用于跨度不超过两个行走式塔式起重机臂长之和、多榀桁架相同、单榀桁架重量大、支座情况较为复杂的空间桁架、网架体系。

3.7.1 工艺原理及流程

1. 工艺原理

大跨度屋盖钢结构累计滑移技术概括起来是：结构直接就位在设计位置，垂直起重设备和胎架沿屋盖结构组装方向单向移动，通过滑移胎架和行走式起重机完成屋盖结构的安装。

将屋盖钢结构按照榀数和网格数分成若干单元，单元可在胎架移走后形成稳定的受力体系，在此条件下尽量减少每单元桁架及网格数，但不得少于两榀桁架或两个网格。

各单元按照起重机的起重能力又分为若干段。

沿桁架垂直方向设置行走式塔式起重机和胎架滑移的轨道。

根据单元的划分制作满足所有单元组装的可搭拆胎架，胎架需要连接成一个整体，通过卷扬机牵拉将胎架移动到屋盖单元的设计位置。

起重机行走至组装单元就近位置，顺次将需要的分段吊装至滑移胎架上，拼装焊接成单元后，拆除滑移胎架支撑，将组装单元直接落放在设计支座位置。

以卷扬机为动力源，通过滑轮组将胎架沿轨道空载滑移至下一组装单元位置，通过调节、修改形成下一单元的组装胎架，与楼面或地面作临时固定。塔式起重机行走至本组装单元就近位置拉点处通过牵拉进行等标高滑移，待滑移单元滑移到设计位置后，拆除滑移轨道，固定支座。如此逐单元拼装，分片滑移，直至完成整个屋盖的施工。该技术为高空分片组装、单元整体滑移、累积就位的施工工艺。

2. 工艺流程

本技术施工工艺流程见图 3-17。

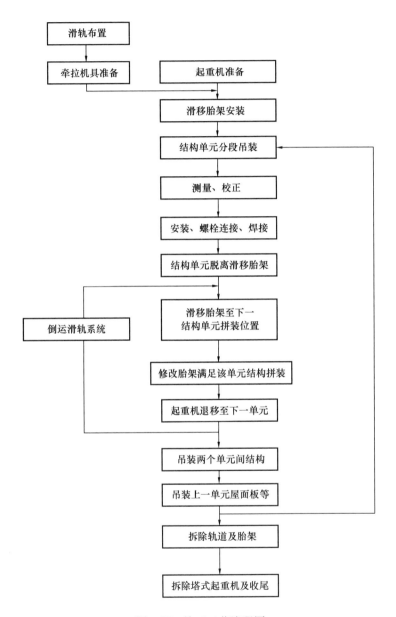

图 3-17 施工工艺流程图

3.7.2　施工操作要点

1. 滑移胎架的设计、制作、安装及稳定性控制

滑移胎架竖向支撑体系可采用格构式型钢柱、桁架体系，也可采用普通钢管脚手架，胎架及钢格构架应具有足够的强度和刚度。经计算可承担自重、拼装桁架传来的荷载及其他施工荷载，并在滑移时不产生过大的变形。

胎架设计需要易于搭拆，必要时根据高度做成标准节，可通用。

胎架的下部底盘需采用型钢或钢管做成，整体胎架固定在铺设于楼面的型钢格构架上，刚度满足胎架空载滑移的需要，底盘下部设有滚轮可在楼面、地面布置的轨道上滚动滑移。详见图 3-18。

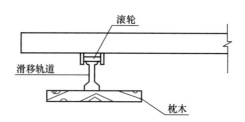

图 3-18　胎架底盘设有滚轮（详图 A）

滑移胎架可在每一个连接上部结构拼接点处单独设置，也可通过过渡胎架及横杆连成整体（图 3-19）。

滑移胎架的顶部平台既可作为支撑平台，也可兼作操作平台，面积根据操作空间定。

2. 滑移轨道的设计、铺设和倒运

滑移轨道沿屋盖结构下部的楼面（地面）通长设置，但因为滑轨可以倒运，使用时只需要同时铺设满足三个单元安装的滑轨长度。材料按三个结构单元长度准备。

根据上部荷载和楼面（地面）承载力确定楼面（地面）是否需要进行加固处理。胎架滑移轨道尽量设计在有梁的位置，避免直接铺设于楼板上。

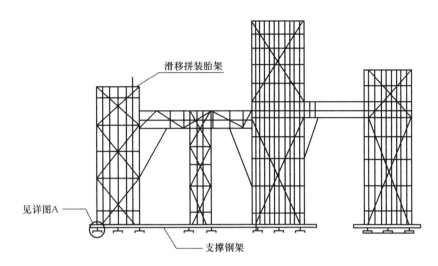

图 3-19　通过过渡胎架及横杆连成整体

滑移轨道采用普通钢轨，选型根据上部荷载确定。

为了缓冲摩擦力对下部结构的影响，可在滑轨下部铺设枕木，枕木的间距根据滑移荷载和铁轨选型计算确定。

3. 多头牵拉同步控制

在本技术的滑移方案中，采用 2 台以上卷扬机同时牵拉的牵拉系统，如因牵拉支座处摩阻力及牵拉力不同影响滑移同步，施工就应采取相应的措施来保证滑移同步。

采用 2 台以上改装卷扬机，设计专用的控制柜，多台卷扬机既可以同时启动，又可以单独工作纠偏。

在滑移轨道上设置刻度标尺。每 50mm 一格，1m 为一大区格，各柱间为一个控制单元，多条轨道上同时向卷扬机控制总台报数，如不同步值超出限值，即可作相应的停滑处理。

合理设计滑轮组机构，在减小单绳牵拉力的同时，尽量减小各台卷扬机牵拉力的差距。

4. 变形观测

（1）结构下挠变形观测。在每榀桁架组装完毕之后，对所有观测点位进行第一次标高观测，并做好详细记录，待主桁架脱离承重架之后，再进行第二次标高观测，并与第一次观测记录相比较，测定主桁架的变形情况。

（2）承重胎架沉降变形观测。由于主桁架静荷载及脚手架自重影响，组装胎架将出现不同程度的沉降现象，需在主桁架标高控制时采取相应的调节对策。即根据胎架的沉降报告相应地进行标高补偿，以保证主桁架空间位置的准确性。

（3）组装胎架倾斜变形观测。为保证测量平台上所测放中心线，控制节点在水平位置上的准确性，每次单元组装滑移完毕之后，需通过激光铅直仪将楼地面已经做好永久标记的激光控制点垂直投测到测量操作平台上。建立新的单元组装测控体系，并用全站仪进行角度和距离闭合。

5. 计算与分析

（1）结构稳定性分析。根据结构单元的划分进行单元结构的计算分析，分析组装、拆除滑移胎架前后、连接结构完成前后的单元受力，必要时增加临时支撑体系以增加其稳定性。

（2）胎架的承载力计算。根据施工方案的要求，单元拼装胎架需要承担桁架荷载、施工临时活荷载及脚手架胎架自重。滑移时还需要根据滑移速度进行惯性力和风荷载的计算，以此为依据进行胎架构件设计、滑移轨道布设、底盘设计。

（3）楼面承载力验算。以设计要求的楼面允许活荷载为极限荷载，如胎架传至楼面的荷载超过此极限，需要对楼面进行加固。加固可采用钢管支撑，钢管布置及选型根据计算确定。

3.7.3 保证措施

1. 质量控制

（1）滑移过程的质量控制

控制卷扬机转速，保持滑移速度在 300mm/min 以下，尽量减小动态结构的影响。

同步控制及水平偏差控制：

各滑移支座轴线偏移不小于控制目标时，发现、警告；各滑移支座轴线偏移不小于计算极限偏移量时，停滑。

各轴线支座间不同步不小于 50mm 时，不间断修正；各轴线支座间不同步不小于 100mm 时，停滑。

胎架滑移时，滑移单元到位前应采取限位措施，限位精度控制在 10mm 以内。

（2）结构单元的稳定控制

在胎架滑移施工时，胎架需要重复使用，因而在屋盖未形成整体结构时，就将胎架撤离结构单元，尤其是开始施工时的第一个单元，往往稳定性不足，需要加强控制。

进行结构分析，在结构稳定的基础上进行结构单元划分。

将单元结构桁架及网格间所有结构连接件全部连接好，支座按设计要求固定好后，方可将滑移胎架滑走。

如结构单元无法满足稳定要求，需按照设计进行加固。

安装第一个单元时，在结构单元两侧（刚度较弱方向）增加数道缆风绳，以增加结构稳定性和抗风能力。

必要时需要对薄弱结构进行应力—应变测试：通过计算分析选择主要受力构件、焊接节点、临时加固构件、临时支撑构件作为测试对象，进行焊接、支座安装、胎架支撑拆除前后过程的应力—应变测试，以监测胎架滑移后未形成整体屋盖的局部结构单元是否满足受力要求。应力测试采用数据采集系统配备打印机，测点编号并与数据采集系统接好，进行滑移全过程的应力监控，计算机控制系统每 30s 自动采集一组数据，如发现应力值有超过限定值的，通报指挥台，采取相应措施，选各测点应力较大、较小及突变数据组打印。

2. 安全注意事项

因本技术具有高空作业，大吨位、大体积构件运动作业的特点，因此施工中除严格执行国家及地方有关安全操作规程外，还应认真贯彻执行下列特殊的安全保证措施：

（1）组装胎架是本技术实施的主要场所之一，滑移单元的组装、焊接、测量、油漆均在胎架上完成。因此，拼装胎架应连成整体，使其强度、刚度、稳定性均可满足施工操作及安全需要，各胎架间铺设走道板，胎架及走道板下满铺安全网。

（2）胎架滑移前，应认真检查各部位，以防局部产生障碍，影响结构和胎架滑移，导致结构产生过大内力和造成人员伤亡。

（3）滑移时应派专人对滑移过程的轨道、滑移单元的变形，滑移单元的水平偏移，各牵拉点的同步偏差进行观测，发现问题及时处理。

（4）钢结构是良好的导电体，四周应接地良好，施工用的电源线必须是胶皮电缆线，所有电动设备应装漏电保护开关，严格遵守安全用电操作规程。

（5）滑移过程中如遇台风、大雨等恶劣天气影响时，应中断滑移，将支座点锁固在最近的柱顶。

3.8　大跨度钢结构旋转滑移施工技术

大型会展中心的屋面多采用钢结构形式，施工一般采用"地面拼装，跨内高空吊装"以及"搭设拼装平台，高空散装"的方法进行安装，此类安装方法相对比较简单、实用，效率较高。但对于施工场地内受限制或存在地下室结构的大跨度结构，常规的"地面拼装，跨内高空吊装"的方法就行不通了，须另辟蹊径。旋转滑移的施工方法是近年来解决大跨度钢结构安装的一个常用的方法，能很好地解决大跨度桁架结构安装问题。

1. 工艺特点

不需要通过对地下室结构进行加固，不受跨内其他结构的影响，采用滑移的方式将结构安装到设计图纸位置。安装精度比较高，易于保证；旋转滑移施工工艺比较简单，易于操作；可充分利用桁架下部的楼面或地面结构，降低了结构的安装高度，同时不需要大量的脚手架及脚手架搭拆人员，降低了设备投入成本；大大加快了安装施工的进度，很好地满足了业主的进度要求，同时改善了施工操作条件，增加了施工过程的安全性。

2. 适用范围

适用于施工场地内存在地下室或其他结构，导致起重机械无法进入施工区域或采用其他施工方法施工经济性不佳、对工期影响较大的大跨度钢结构。

3.8.1 工艺原理及流程

1. 工艺原理

先安装桅杆内环支撑系统和滑移设施，在内环支撑系统形成空间稳定结构后，定点高空拼装钢屋盖，使拼装的屋盖和外环支撑形成滑移单元，然后旋转滑移、累积、再滑移……就位，最后吊装补空。

2. 工艺流程

钢屋盖施工工艺流程见图 3-20。

3.8.2 施工操作要点

1. 测量定位

测量放线的精度，直接决定构件的拼装、安装精度，是"空间多轨道同步滑移"顺利实施的保证。

（1）建筑物轴线的定位和放线

根据测量基准点，采用坐标定位的放线

图 3-20 钢屋盖施工工艺流程图

方法，精确放出建筑物的轴线和滑移轨道中心线；根据施工需要，将标高基准点投放到各施工面上。

（2）构件拼装的放线

各主要构件采用地面整体拼装，拼装台架的设置根据杆件的空间几何关系转换成平面几何关系，精确放线，监控调整。

2. 大型构件地面整体拼装

（1）主要构件地面整体拼装的目的

1）检查构件的加工制作精度，如有问题可以及早发现、处理；

2）由于构件连接紧密，通过地面整体拼装，可以保证杆件的空间几何关系，安装时能正常连接，所有屋面桁架可以封闭成圆；

3）通过地面整体拼装，可以收集各工况下的焊接参数、焊接收缩量和焊接时间，为质量控制提供可靠信息；

4）地面整体拼装为高空分段吊装创造条件，可以大大减少现场高空工作量，是安全、质量和进度控制的关键。

（2）主要构件的地面整体拼装

主要构件的地面整体拼装包括内环桁架的地面整体拼装、树状支撑柱的地面整体拼装、屋面桁架的地面整体拼装。

3. 临时胎架的设计

内环临时胎架有三个功能：一是内环桁架的支撑台架，二是屋面桁架的支承台架，三是临时胎架之间的空间环桁架上设置有屋盖滑移的高空滑移轨道。所以，内环临时胎架的设计是工程成功的核心。

但是，内环临时胎架的设计和安装有以下困难：

（1）受下部混凝土构筑物的影响，内环胎架的支承体系设计难度大；

（2）施工工况多，荷载计算复杂。

由于滑移单元是滑移、累积形成的，每累积一次其支座反力都要重新分配；滑移单元不可能完全对称，每次滑移内环临时支撑系统的受力都要发生变化；滑移单元之间的主次桁架需要吊装和补空，每榀桁架吊装时临时支撑体系的内力也要发生变化。

因此，必须针对各种施工工况——进行荷载计算，取最不利工况组合下的支座反力进行临时胎架设计。

根据结构的几何模型仿真分析和荷载计算结果，设计临时胎架，并对临时设施和正式构件进行有限元分析验算，确保方案可行。

4. "空间多轨道旋转滑移"的同步控制

钢屋盖为大跨度空间折板网壳结构，与跨度相比，杆件长细比较大，屋面桁架刚度较差，而滑移采用的是高低差达到 45m 的三条同心圆弧轨道，如果滑移不同步，构件将会发生扭转变形甚或破坏，所以滑移单元的同步控制是工程实施的关键。为保证同步滑移，采取了以下措施。

（1）从滑移单元划分上保证其空间稳定性

单榀桁架和树状支撑柱的支承点少，空间稳定性差，当两榀屋面主桁架和其树状支撑柱被屋面次桁架连接在一起时空间稳定性才有所加强。因此，滑移的基本单元确定为两榀主桁架和一榀次桁架（简写为 2 主＋1 次），滑移单元划分为三个滑移单元：两个 3 主＋2 次和一个 4 主＋3 次，保证滑移单元的空间稳定性。

（2）上下滑移支座之间设置传力设施

1）高空滑移支座的下弦杆件之间设置刚性传力杆，见图 3-21。

图 3-21 高空滑移支座传力杆设置示意图

2）由于相邻地面滑移架之间距离达到 40m，不可能设置刚性支撑，因此，采用高强度、低松弛钢绞线连接，保证下部支座滑移的同步性。

（3）三条轨道的滑移同步控制

根据同心圆上旋转角速度相同的原理，将三条轨道上的每个液压缸行程数据输入到计算机控制系统，通过电脑统一指挥液压缸同步运行。

（4）滑移过程同步性的监控和调整

为直观地监测滑移的同步性和滑移状态，以 1cm 作为最小滑移单位，在每条滑道上作出标记，并进行编号。滑移过程中，可以通过对滑移中心的测量监测，随时准确了解滑移状态。在正常状态时每 20 个行程（最大行程距离5m）校正一次，当出现异常情况时及时调整。

5. 主要控制措施

（1）内环桁架上下拉索的张拉时机控制

内环桁架的上下拉索必须分两次张拉：第一次张拉在屋盖安装前，对内环桁架的上下拉索进行初步张拉（张拉力为设计拉力的 25％），使桅杆内环和内环临时胎架形成受力体系；第二次在屋盖系统封闭成圆，并与内环桁架连接后进行最后张拉，使所有安装构件形成空间稳定整体。

（2）屋盖滑移单元下架时的同步卸载控制

屋面主次桁架分段吊装，高空拼装形成滑移单元，滑移单元下架时必须同步卸载，使构件的变形稳步释放。

（3）内环临时支承胎架的同步卸载控制

在屋面系统形成、内环上下拉索张拉后，对内环临时支承胎架需要同步卸载。

（4）树状支撑柱的受力转换控制

在屋盖空间网壳结构形成后，施工树状支撑柱下的钢骨柱和混凝土支墩，这时树形柱还由地面滑移架支承，需要在混凝土支墩达到设计强度后进行受力转换，将树形柱下的支座反力传给混凝土支墩上的球形钢支座，达到设计状态。

受力转换的过程实际上是合理拆除地面处滑移架的过程，也是一个同步卸载过程，需要同步、对称、稳步卸载，施工过程中加强对各支座点和已安构件的位移和垂直度进行监控，观察中央桅杆和主要杆件的变形。

3.8.3 保证措施

1. 质量控制

严格按照图纸及国家施工与验收规范施工。

按优化的施工组织设计和施工方案做好施工准备工作，编制项目质量保证计划。

在影响质量的关键点、关键部位设置质量管理点。按 PDCA 循环过程开展质量管理小组活动。

施工中合理安排上下道工序的衔接，严格执行自检、互检、专检制度，保证施工质量。

控制卷扬机转速，保持滑移速度在 300mm/min 以下，尽量减小动态结构的影响。

同步控制及水平偏差控制：

各滑移支座轴线偏移不小于控制目标时，发现、警告；各滑移支座轴线偏移不小于计算极限偏移量时，停滑。

各轴线支座间不同步不小于 50mm 时，不间断修正；各轴线支座间不同步不小于 100mm 时，停滑。

胎架滑移时，滑移单元到位前应采取限位措施，限位精度控制在 10mm 以内。

各级质检人员要跟踪检查，发现问题立即纠正，行使质量否决权。

2. 安全措施

工程高空作业多，施工难度大。对于高空作业的安全措施尤为重要。

高空作业必须戴安全帽、系安全带，否则不准施工。

用电设备要求接地合格，安装漏电保护器，专业设备专人操作。

滑移时应派专人对滑移过程的轨道，滑移单元的变形、水平偏移，各牵拉点的同步偏差进行观测，发现问题及时处理。

钢结构是良好导电体，四周应接地良好，施工用的电源线必须是胶皮电缆线，所有电动设备应装漏电保护开关，严格遵守安全用电操作规程。

滑移过程中如遇台风、大雨等恶劣天气影响时，应中断滑移，将支座点锁固在最近的柱顶。

进行班前安全交底，详细填写安全记录。

对每个职工必须经过三级安全技术教育，对特殊工种如电工、电气焊工、起重机司机、大型动力设备的操作工等，都必须有安全操作合格证。

3.9　钢骨架玻璃幕墙设计施工技术

在采用钢结构作为主体结构时，对于幕墙的设计也提出了新的要求，各种大跨度、大分格的幕墙技术也应运而生。这些新技术、新工艺的使用，使这些建筑更加美观、实用。幕墙依附主体钢结构布置，由于建筑造型复杂，必须提高幕墙材料加工制作的精度，才能保证幕墙的顺利安装。

3.9.1　工艺流程

工艺流程如图 3-22 所示。

3.9.2　施工操作要点

1. 钢结构加工

（1）钢材加工前准备

1）技术准备

① 技术人员应充分熟悉图纸，对图纸中发现的问题应及时反馈给项目经理部，汇总后交设计处理。

② 按图纸材料表实际数量编制材料预算，材料用量由生产部门按规定计算。待工程合同正式生效后，由公司采购部门根据设计部设计施工翻样图计算出的料单及时采购有关规格的钢材及其他辅材。

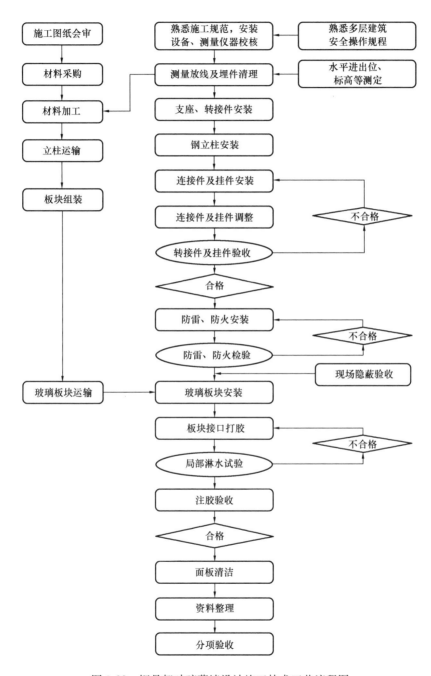

图 3-22 钢骨架玻璃幕墙设计施工技术工艺流程图

③ 设计蓝图是主要施工图纸。技术人员和作业人员都必须严格按公司项目运营管理的规定备齐。

④ 技术人员和操作工人必须熟悉并备齐钢结构焊接、涂装、除锈和机器操作等方面的国家标准，以及企业中有关的技术质量标准。

2）加工场地准备

① 确定制作地点，采用批量化流水作业。

② 道路应考虑配套起重机进场对道路的要求。

③ 提前确定构件堆放场地。

（2）放样

1）放样前应核对施工图，熟悉工艺标准，掌握各部件精确尺寸，严格控制精度。

2）度量工具必须经法定计量单位校验。

3）放样应以施工图的实际尺寸1：1的大样放出有关的节点、连接尺寸，作为控制号料、弯制、剪切、铣刨、钻孔和组装等的依据。

4）样板采用厚度0.3mm的镀锌薄钢板制作，应考虑切割、焊接、铣、刨及火搣等加工余量。样板上应标记切线、孔径、上下、左右、反正的工作线和加工符号（如弯曲、铲、刨等），注明规格、数量及编号，标记应细小、清晰。

5）放样应在放样平台上进行，平台必须平整、稳固。放样平台严禁受外力冲击，以免影响平台的水平度。放样时首先应在平台上弹出垂直交叉基线和中心线，依次放出构件各节点的实样。

（3）号料

1）号料人员要熟悉样品、样板所注的各种符号及标记等要求，核对材料牌号及规格、炉批号，复核材料的规格，检查材质外观；遇有材料弯曲或不平直影响号料质量者，须经矫正后号料。

2）根据锯、割等不同切割要求和刨、铣加工的零件，预放不同的切割及加工余量和焊接收缩量。

（4）切割

1）切割前根据工程结构要求，选择最适合的方法，在工厂内加工时采用数控自动切割，在现场一般采用气割。

2）通过试验事先确定各种规格的杆件预留的焊接收缩量，在计算钢管的断料长度时计入预留的焊接收缩量，对于收缩量小于16mm的情况，每个对接口放1.5mm；大于16mm的放2.5mm。

3）切断处边缘必要时应加工整光，相关接触部分不得产生歪曲。切割时，必须看清断线符号，确定切割程序。切割后，其切线与号料线的允许偏差不得大于1mm，其表面粗糙度不得大于200μm，且公差均满足规范要求。

（5）焊接

1）操作工艺

① 清理焊口：焊前检查坡口、组装间隙是否符合要求，定位焊是否牢固，焊缝周围不得有油污、锈物。

② 烘焙焊条应符合规定的温度与时间，从烘箱中取出的焊条，放在焊条保温桶内，随用随取。

③ 焊接电流：根据焊件厚度、焊接层次、焊条型号、直径、焊工熟练程度等因素，选择适宜的焊接电流。

④ 引弧：角焊缝起落弧点应在焊缝端部，宜大于10mm，不应随便打弧，打火引弧后应立即将焊条从焊缝区拉开，使焊条与构件间保持2～4mm间隙产生电弧。对接焊缝及对接和角接组合焊缝，在焊缝两端设引弧板和引出板，必须在引弧板上引弧后再焊到焊缝区，中途接头则应在焊缝接头前方15～20mm处打火引弧，将焊件预热后再将焊条退回到焊缝起始处，把熔池填满到要求的厚度后，方可向前施焊。

⑤ 焊接速度：要求等速焊接，保证焊缝厚度、宽度均匀一致，以从面罩内看熔池中铁水与熔渣保持等距离（2～3mm）为宜。

⑥ 焊接电弧长度：根据焊条型号不同而确定，一般要求电弧长度稳定不变，酸性焊条一般3～4mm为宜，碱性焊条一般2～3mm为宜。

81

⑦ 焊接角度：根据两焊件的厚度确定，焊接角度有两个方面，一是焊条与焊接前进方向的夹角为 60°～75°。二是焊条与焊接左右夹角有两种情况，当焊件厚度相等时，焊条与焊件夹角均为 45°；当焊件厚度不等时，焊条与较厚焊件一侧夹角应大于焊条与较薄焊件一侧夹角。

⑧ 收弧：每条焊缝焊到末尾，应将弧坑填满后，往与焊接方向相反的方向带弧，使弧坑甩在焊道里边，以防弧坑咬肉。焊接完毕，应采用气割切除弧板，并修磨平整，不许用锤击落。

⑨ 清渣：整条焊缝焊完后清除熔渣，经焊工自检（包括外观及焊缝尺寸等）确无问题后，方可转移地点继续焊接。

2）质量标准

① 保证项目

a. 焊接材料应符合设计和有关标准的规定，应检查质量证明及烘焙记录。

b. 焊工必须经考试合格，检查焊工相应施焊条件的合格证及考核日期。

c. Ⅰ、Ⅱ级焊缝表面不得有裂纹、焊瘤、烧穿、弧坑等缺陷。Ⅱ级焊缝不得有表面气孔、夹渣、弧坑、裂纹、电弧等擦伤缺陷，且Ⅰ级焊缝不得有咬边、未焊满等缺陷。

② 基本项目

a. 焊缝外观：焊缝外形均匀，焊道与焊道、焊道与基本金属之间过渡平滑，焊渣和飞溅物清除干净。

b. 表面气孔：Ⅰ、Ⅱ级焊缝不允许；Ⅲ级焊缝每 50mm 长度内允许直径 $\leqslant 0.4t$；且$\leqslant 3mm$ 气孔 2 个；气孔间距$\leqslant 6$ 倍孔径。

c. 咬边：Ⅰ级焊缝不允许。Ⅱ级焊缝：咬边深度$\leqslant 0.05t$，且$\leqslant 0.5mm$，连续长度$\leqslant 100mm$，且两侧咬边总长$\leqslant 10\%$焊缝长度。Ⅲ级焊缝：咬边深度$\leqslant 0.1t$，且$\leqslant 1mm$。(t 为连接处较薄的板厚)

2. 防腐涂装

（1）技术准备

1）环境温度：原来对涂装施工环境温度的要求在 15～30℃之间，但随着技术的发展，现在很多涂料都可以在上述规定范围之外施工，所以现在涂装施工的环境只作一般规定，具体应按涂料产品说明书的规定执行。

2）环境湿度：涂料施工，一般宜在相对湿度小于80％的条件下进行，同时也应参考涂料产品说明书。

3）必须控制钢材表面温度与露点温度。控制涂装时的环境温度及空气的相对湿度，并不能完全表示出钢材表面干湿度，钢材表面温度必须高于空气露点温度3℃以上。

（2）基层处理

1）油漆涂刷前，应将需涂装部位的铁锈、焊缝药皮、焊接飞溅物、油污、尘土等杂物清理干净。

2）基面清理、除锈质量的好坏，直接关系到涂层质量的好坏。重要工程钢构件涂装工艺的基面除锈质量应达到一级。

3）采用喷砂除锈的方式进行除锈，即利用压缩空气的压力，连续不断地用石英砂或铁砂冲击钢构件的表面，把钢材表面的铁锈、油污等杂物清理干净，露出金属钢材本色。

（3）涂装施工

钢构件防腐涂装采用空气喷涂法进行，即利用压缩空气的气流将涂料带入喷枪，经喷嘴吹散成雾状，并喷涂到物体表面上的一种喷涂方法。

1）喷枪的调整：喷枪是喷涂的主要工具，在进行喷涂时，必须将空气压力、喷出量和喷雾幅度等调整到适当的程度，以保证喷涂的质量。空气压力的控制应根据喷枪的产品说明书。空气压力大，可增强涂料的雾化能力，但涂料飞散大，损失也大；空气压力过低，漆雾变粗，漆膜易产生秸皮、针孔等缺陷。涂料喷出量的控制，也应按喷枪说明书进行。喷雾的形状、幅度可通过调节喷枪的压力装置来控制，喷雾形状也可通过调节喷枪的幅度来控制。

2）喷涂距离控制：距离过大，漆雾易落散，造成漆膜过薄而无光；距离过小，漆膜易产生流淌和秸皮现象。喷涂距离应根据喷涂压力和喷嘴大小来确定，一般使用大口径喷枪为200～300mm，使用小口径喷枪为150～250mm。

3）喷枪速度的控制：喷枪的运行速度为 30～60cm/s，应做到稳定，喷枪角度倾斜，漆膜易产生条纹和斑痕；运行速度过快，漆膜薄而粗糙；运行速度过慢，漆膜厚而易流淌。喷幅的搭接宽度，一般为有效喷幅宽度的 1/4～1/3，并保持一致。

3. 钢化玻璃加工制作

（1）钢化玻璃加工流程（图 3-23）

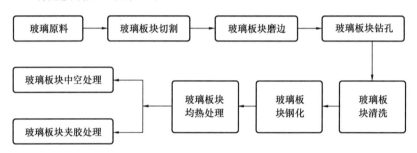

图 3-23　钢化玻璃加工流程图

（2）玻璃切割

根据玻璃切割需求采用三段式玻璃切割机和大型电脑异形切割机切割玻璃，以上玻璃切割机均采用电脑拼料，数控系统控制切割全过程。

（3）玻璃磨边

根据玻璃规格、磨边类型、磨边形状的需要，可采用卧式直边磨边机、全自动异形磨边机、立式双边磨边机等磨边机械。

（4）玻璃清洗

选用玻璃清洗机清洗玻璃。玻璃清洗机适用于钢化玻璃生产线的玻璃清洗工序。

（5）玻璃钢化

对洗涤后的玻璃板块进行干燥，最后再进行钢化处理。

4. 中空玻璃加工制作

（1）中空玻璃加工流程（图 3-24）

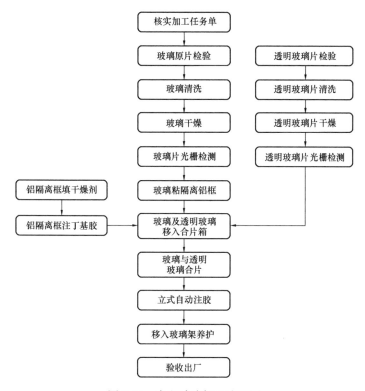

图 3-24 中空玻璃加工流程图

（2）中空线玻璃清洗

中空玻璃生产线玻璃清洗采用中空玻璃清洗机。中空玻璃清洗机适用于中空玻璃生产线玻璃清洗工序。主要工作参数如表 3-6 所示。

主要工作参数　　　　　　　　　　　表 3-6

清洗玻璃尺寸（mm）					传送速度	全机总功率
最大高度	最小高度	最小长度	最小厚度	最大厚度		
1600	170	350	3	12	4～12m/min	33kW

（3）组装铝框

1）根据加工单从铝材切割工序领取已切割好的铝条。

2）批量选取装框所用铝条，在其中一端装好角接头，并用布沾上二甲苯或酒精擦拭干净。

3）把装好角接头、擦拭干净的铝条放在干燥剂填充机上填充干燥剂。

4）取下已装好干燥剂的铝条放在工作面上，组装成铝间框。把铝间框有序挂在或摆在干净的地方。

（4）涂丁基胶

丁基胶填充采用丁基胶挤出机。丁基胶挤出机适用于铝间框涂丁基胶。

（5）检查粘框及合片

1）合成中空加工工艺的比较与选择。

① 合成中空有卧式机械注胶和立式自动注胶两种可供选择的方案。

② 卧式机械注胶法中当合片后的中空玻璃平卧于注胶台上时会产生变形，此时采用注胶机注胶后，中空玻璃已被完全密封，从注胶台上移开中空玻璃，在养护过程中和成品上墙后，有关部分残余变形不能恢复，使玻璃不平整，这是卧式机械注胶法固有的隐患。

③ 当采用立式自动注胶时，玻璃从清洗、粘铝隔离框、传输、合片到注胶等全过程中均处于竖直（呈 80°夹角）状态，从而玻璃因自重而产生的变形会减至最小，可保证玻璃在合片注胶前后具有相同的平整度。另外，立式自动注胶还具有如下优点：

a. 隔离框一次弯折成型，接口自动氩弧焊接，保证丁基胶的完全密封。

b. 悬浮气垫传动，避免玻璃清洗后二次污染。

c. 三次离子水清洗和干燥玻璃片，保证玻璃的洁净度。

d. 两次光栅检测，可在合片前再次复检镀膜层的质量和玻璃的清洁度。

e. 自动探测注胶胶缝的宽度和深度，自动调整注胶速度和注胶压力。

f. 注胶胶缝密实、平滑、流畅。

2）根据工艺要求，调节粘框定位机构，保证注胶浓度符合要求。

3）启动检查粘框站及合片挤压铝，并转到自动运行状态。

4）玻璃进入检查站，人工检查外观是否符合质量要求，不符合要求的进行处理或下线；第一片玻璃检查合格后按下开关，进入合片挤压站；第二片玻璃检查钢化玻璃组装铝框涂丁基胶、合片自动注胶合格后，按要求粘好框及踏下开关，进入合片挤压站。

5）合片挤压站自动合片挤压。

（6）中空玻璃生产

玻璃的中空采用中空玻璃生产线进行。中空玻璃自动生产线适用于检查中空玻璃外观、粘框及合片挤压工序。

（7）中空玻璃注胶

中空玻璃注胶采用全自动注胶机进行。注胶机适用于中空玻璃生产线注胶工序。

（8）中空钢化玻璃质量控制

玻璃钢化后，其表面应平整、无翘曲、无裂纹、无划痕、无污染，色泽应一致，反映外界景象无畸变，外观晶莹美观，并应符合钢化玻璃检验标准（表 3-7）。

5. 夹胶玻璃加工制作

（1）夹胶玻璃生产线

夹胶玻璃的生产将采用夹胶玻璃生产线，该生产线采用全电脑自动控制。

钢化玻璃质量控制 表 3-7

检验项目		标准
首检	划伤	不允许有重划伤，对于轻划伤则是不允许密集存在。观察方法：目测
	结石、疙瘩、砂粒	避免使用有结石、疙瘩、砂粒的原片玻璃进行钢化。观察方法：目测
	气泡、波筋、线道	气泡，长 0.5～1mm，每平方米允许存在 2 个；波筋、线道不允许存在
	缺角	玻璃四周缺陷以等分线计算，长度在 6mm 范围内，允许 1 个
	爆边	轻微爆边，经手打磨，满足钢化要求的可利用，如有内延性微细裂纹则不允许使用
	尺寸偏差	用精确到 1mm 的金属尺测定，长度、宽度可按供需双方协商的合同检测

续表

检验项目		标准
成品检验	弯曲度	采用钢直尺和塞尺测定，弯曲度控制在 0.2% 范围内
	外观质量	参照首检。观察方法：目测
	检验状态标识	成品检验结束，合格品贴"合格品"标识，不合格品贴"不合格品"标识，并且要求生产人员贴透明钢化玻璃产品标识
包装检验		产品使用木箱包装，每块玻璃应有塑料袋或纸包装或隔开，玻璃与箱之间用不易引起划伤等外观缺陷的轻软材料填实。包装标志应符合国家有关标准规定

（2）加工工序（图 3-25）

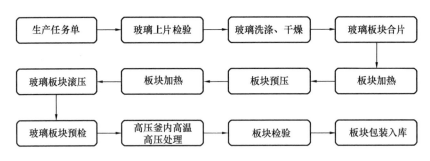

图 3-25　夹胶玻璃加工工序图

（3）夹胶玻璃生产关键受控点

①原片检查和清洗；②滚压和真空预热预压；③合片；④高压釜终压。

（4）关键受控点主要内容

1）原片检查和清洗

① 原片检查：主要对原片进行外形尺寸校对，检查生产单上的要求是否落实，校对尺寸、厚度、颜色、夹膜面；另外，检查有无划伤、缺陷。

② 将检查好的玻璃送清洗机清洗，用去离子水漂洗，保证玻璃的洁净度。每天按设备操作规程检查和维护设备，保证设备满足工艺要求。

2）合片

① 合片是夹层生产的重要环节，检查其环境的湿度、温度，应符合操作指导书要求。

② 核查胶片型号、厚度、颜色正确与否，进行胶片的水分测定，检验其是否失效（过期）。

③ 胶片摆放平整，每层胶片的气流方向一致，尽量赶走玻璃与胶片间、胶片与胶片间的空气，严禁杂物夹入。

④ 合片后，四周边要切得整齐，不得用手扯动、拉伸胶片，切胶不得有缺边和短胶。

3）滚压

① 调整滚压轮间的距离，先测量玻璃总厚度，然后用塞尺（或样片）调整滚轮间的距离。

② 滚压前后的玻璃产品厚度差在 0.1～1.5mm 之间。

③ 压力表压力在 0.4～0.6MPa。

④ 设定滚压机温度为 180±10℃。

⑤ 视滚压后玻璃透明度调整温度和速度方法见作业指导书。

⑥ 弯夹玻璃要抽真空，主要控制抽真空过程。

⑦ 胶管密封的开口等于玻璃和胶膜的总厚度。

⑧ 视玻璃大小采用多对插气口胶管。

⑨ 真空度－0.95～0.988AK，冷抽 20～40min，热抽 1.5～2h，设定温度 105～115℃，每 10min 检查一下仪表。

⑩ 关闭加热器，降温。

4）自动气压釜控制点

① 自动气压釜控制点主要是过程监控。

② 釜各部位按设备操作规程保养和使用。

③ 进料摆放有序。

④ 按规定通电、水、自动电机、风扇。

⑤ 釜运行时严格按要求监控。

⑥ 压力不得超过 1.4MPa，温度不超过 150℃。

（5）夹胶玻璃的检验——尺寸偏差、外观

质检员按表 3-8 所示要求进行抽检。

抽样质量表 表 3-8

批量范围（片）	2～5	6～15	16～25	26～50	51～100	101～200	201～500
抽检数（片）	2	4	8	12	20	30	60

（6）缺陷及其处理

所有合格与否的判定，必须按企业标准实施细则的规定执行。

1）合片前

① 气泡、结石、薄片屑、崩角、轻微擦划伤、尺寸等。处理方法：符合企业标准的可合片，不符合企业标准的不允许合片。

② 未清洗干净或有残留水等。处理方法：必须处理干净、干燥，方能合片。

③ 裂纹、严重划伤、严重刻伤、切割刀划伤、边角碰伤而可能有暗裂纹、锯齿边、严重鲨鱼齿等。处理方法：不允许合片。

④ 钢化玻璃原片弯曲度过大。处理方法：不允许合片。

2）进高压釜前

① 预压后中间有空腔。处理方法：因玻璃平整度不良或热弯曲线吻合度不良导致的应报废。

② 边部气泡多或玻璃与胶片未粘合。处理方法：用酒精涂敷边部并涂胶。上夹进行返釜处理。

③ 错位。处理方法：把需调整的边作支撑边进高压釜压合。

④ 破裂。处理方法：报废或改切。

3）后成品

① 胶层气泡、杂质：按企业标准要求判定合格与否。特殊情况下，经与顾客协商同意后，边部 15mm 范围内或安装包边范围内的缺陷允许超过标准。

② 裂纹、破裂：有可见裂纹或破裂的不允许出厂。

③ 脱胶：边部 1mm 范围内的脱胶由品质部根据顾客使用条件决定能否出厂，超过 1mm 的脱胶不能出厂。

④ 错位：把需调整的边作支撑边，重新进高压釜压合。

⑤ 对产品的外观、使用性能影响轻微的其他不合格品，由品质部决定，允许占总数的 5% 放行，影响较大的则不允许出厂。

（7）夹胶玻璃加工技术保证措施

1）钢化夹胶玻璃采用 PVB 干法加工合成，夹胶合片前，应先将均热好的钢化玻璃用洗涤机进行洗涤，去掉玻璃表面的灰尘、污垢、油腻等影响胶片与玻璃粘合力的杂质。

2）PVB 胶片要根据玻璃的规格、胶片经处理后的收缩量和留边的尺寸进行合理裁切后再洗涤，然后进入干燥室进行干燥，干燥室应保持绝对清洁，操作人员进入合片室之前应更换清洁便鞋，穿戴清洁工作服帽，确保合片室的清洁。

3）采用蒸汽干燥进行胶片干燥，胶片干燥后进入清洁的合片室进行精确切割，切割的胶片四周要整齐，胶片切割后即可进行合片。合片时，先将第一片玻璃平放好后再次进行表面清洁并检查玻璃质量，无问题后平整铺上胶片，再将第二片玻璃叠上去，注意胶片必须铺得平整，不然会造成叠差把玻璃压碎。玻璃合片后，叠差每边不超过 1.5mm。

4）在合片过程中，玻璃和胶片应保持绝对干净，否则会影响胶合后玻璃的透明度及粘合力，降低制品质量。玻璃合片后送入预压机中加热及预压，然后送入高压釜中进行压合成型。胶合后的夹胶玻璃在外观上不允许存在夹胶层气泡、裂痕、缺角、夹钳印、叠层、磨伤、脱胶等缺陷。

6. 钢立柱安装

（1）施工放线工艺流程

准备放线工具→在现场找准开线的位置→在关键层打水平线→找出立柱放线定位点→加固定位点→找水平线→检查水平线的误差→调整误差→进行水平分割→复查水平分割的误差→吊垂直线→检查垂直度→固定垂直线→检查所有放线的准确性→重点清查转角、变面位置的放线情况。

（2）放线操作方法

1) 在现场找准开线的位置，并对周围环境进行了解，对照图纸将转角位、轴线位、变高截面位的位置一一对应，以保证放线时准确无误。选择好关键层，将关键层清理干净，防止杂物对放线的影响，找出关键点并加固此点，并对此点用水准仪抄平，以便按需要找出水平线。

2) 为了保证安装的误差在规定范围内，在放线时还需要寻找一个辅助层使其保持水平，以保证两点形成定位线，辅助层可以是一个或几个，视实际情况而定。

3) 确定了关键层、辅助层，在关键层上再找立柱放线的定位点。定位点一般在变形接口处、转角处或轴线位置。定位点的确定应保证线、面空间的统一。关键点不少于两个以上，随着各立面变化的复杂程度和施工方案及设计形式决定关键点的多少。

4) 找出所有的定位点，对定位点进行调整固定，对定位点的调整固定要求：定位点误差必须足够小；所用固定点材料应选用刚性材料；固定必须牢固、稳定。

5) 复核水平度，从定位点拉水平线，水平线用 20 号钢线拉直并用花篮螺栓拉紧。钢线一定要拉紧，必要时可采用多个花篮螺栓拉紧的方法。在拉水平线之前要求对水平度进行复核，误差不能小于 2mm。在水平线拉好后，防止出现误差，要求对拉好的水平线进行水平度复核，水平线拉好、调整后，进行水平分割，进行水平分割前必须做好以下准备工作：查看图纸分格；明晰分格线与定位轴线的关系；准备工具，同时对圈尺等测量仪器进行调校；确定分割起点定位轴线。整个准备工作做好后着手水平分割，一般三人同时进行，一个主尺，一个复尺，一个定位，每次分割后都要进行复检。

6) 对水平线分割的准确性的检查。在每次水平分割线分割完毕后都要求对此进行复查，方法有两种：按原来的分割方法进行复尺，并按总长、分长复核闭合差；按相反方向复尺，并按总长、分长复核闭合差。

7) 水平分割确定后，我们就需要根据水平分割吊垂直线，操作方法如下：采用有可调节螺栓的钢架作为吊线上下支座并用膨胀螺栓将吊线支座固定在主体混凝土结构上；每根线都在分割点上；分割点必须准确无误；吊线时必须先查看是否有排栅或其他东西挡住；所吊垂线代表一根立柱的安装位置，这就要求水平分割与所吊垂线必须完全吻合；在风力大于 4 级时不宜吊垂线；吊线时，根据情况可用加重砝码的办法来减少风力对其的影响；采用经纬仪配合吊线，吊垂线是一根一根地吊，同时用经纬仪进行辅助工作，如无外排栅的工作其垂直放线尽量使用经纬仪控制。

8）检查垂直度的方法有：经纬仪检查是用经纬仪作为垂直验证，从所吊垂线中选择几个垂线用经纬仪进行复核，检查出误差要记录并寻找原因进行调整，这是一种最准确的办法；水平辅助层定位点重点复检法是通过查看辅助层分割点与定位层分割点是否一致来检查垂直吊线的准确性，并对选定幕墙分格单元的对角线进行检验复核，调节吊线上下点的调节螺栓直至复核合格；自由复检法是任意选择一层作为检查层或选择一个区域进行复检。

（3）安装过程的跟踪测量

在安装过程，必须对重要部位进行检测、校正。通过将重要部位检测的三维坐标值与设计位置进行比较，得出修正量，进而对结构准确校正。对垂直立面用经纬仪检测。

（4）施工注意事项

按土建提供的基准中心线、水平线，经我方复验后进行幕墙的测量放线。须与主体结构测量放线相配合，水平标高要逐层从地面引上，避免累积误差。测量放线应注意在每天定时进行，以减少温差的影响。测量时利用风速仪及风向仪检测，风力不应大于四级。该项工序是整个幕墙工程的重要部分，必须严格操作和检测，以保证放线准确无误。

（5）报请总包、监理验线

测量放线后，请总包的测量师、监理一同验线，确认与盖章，最终确定现场施工安装方案与计划，以便工程按期实施。

（6）测量成果的整理

将测量后的有关数据及时反映给幕墙的设计师，以便幕墙设计师了解现场情况，及时作出方案调整，并在施工图制作过程中绘出现场安装基准，且作为下料单的原始数据。

（7）立柱连接支座安装

1）立柱支座采用镀锌钢方通箱形支座，该支座与主体采用焊接的方式进行，支座安装前根据测量确定的支座位置先对其进行临时点焊固定(图 3-26)。

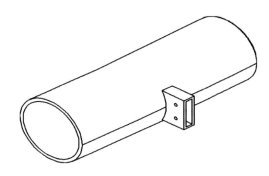

图 3-26　立柱箱形支座安装示意图

2）待同一区域支座临时安装完成后对其进行验收校核，符合设计及规范要求后方能对其进行满焊固定。

7. 立柱安装

（1）该系统立柱采用 180mm×100mm×10mm 钢方通，由于建筑物的特殊造型该立柱将在加工厂进行弯弧处理，使钢立柱与幕墙弧线形立面相一致；另外，为了适应结构弧度变化，在钢立柱断开处内塞 158mm×78mm×10mm 钢通套芯连接，钢通套芯与钢立柱用 M16 不锈钢销轴连接，如图 3-27 所示。

（2）立柱是通过 150mm×50mm×10mm 钢筒支座与主体横向圆管采用在立柱上开缺口，然后利用 M6 不锈钢销轴进行连接，如图 3-28 所示。

（3）立柱安装由下而上进行，带芯套的一端朝上；第一根立柱按悬垂构件先固定上端，调正后固定下端；第二根立柱将下端对准第一根立柱上端的芯套用力将第二根立柱套上，并保留 15mm 的伸缩缝，然后利用不锈钢插销固定上端立柱和芯套，再吊线或对位安装梁上端，依次往上安装。

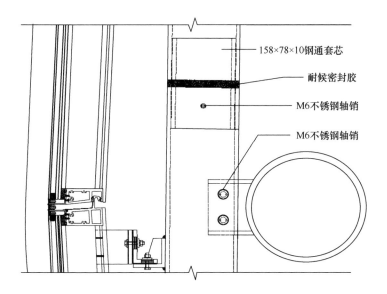

图 3-27　半隐框幕墙立柱连接节点图

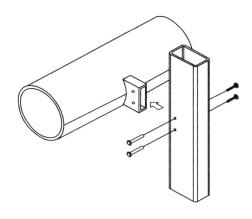

图 3-28　半隐框玻璃幕墙立柱安装示意图

（4）立柱安装后，对照上步工序测量定位线，对三维方向进行初调，保持误差小于 1mm，待基本安装完后在下道工序中再进行全面调整。

（5）通过前面的调整、校核后最终对各销轴进行固定，为了防止空气进入立柱内壁，将在芯套与立柱交接处打耐候密封胶，保证内壁不被氧化，从而提高结构使用年限。

8. 板块挂件安装

（1）该半隐框玻璃幕墙采用小单元式设计，板块的固定采用三向调节铝合金挂座来实现。

（2）在安装铝合金挂件前，先进行挂件钢支座的焊接安装。该钢支座通过焊接的方式与钢立柱进行固定。该支座的安装也遵循先临时点焊固定，后满焊固定的方式。焊接时需采用对称焊接的方式进行，避免钢件的受热变形，以确保幕墙施工质量。

（3）钢支座安装完毕后再进行铝合金挂件的安装。

9. 防雷设施安装

（1）该系统立柱通过截面积大于 $16mm^2$ 的铜导线进行连接，并与主体结构防雷网络连接贯通，与主体结构防雷网络形成有效的电气通路，防止侧击雷的损坏，同时也满足施工中的防雷要求。

（2）按图纸要求先逐个完成幕墙自身防雷网的焊接，焊缝应及时敲掉焊渣，冷却后涂刷防锈漆。

（3）焊缝应饱满，焊接牢固，不允许漏焊或随意移动变更防雷节点位置。

10. 防火设施安装

在同一平面内根据建筑设计防火分区设置竖向防火隔断，竖直方向每层在窗台处设置水平防火隔断，在铝合金窗的四周均设置闭合的防火隔断，防火隔断由冷弯折边加工的镀锌钢板铺防火岩棉组成。

11. 玻璃板块的安装

（1）玻璃板块的安装将由下而上进行，安装时将板块通过捯链和吸盘运送到安装位置，先进行下部支座的就位固定安装，板块就位后利用固定螺栓进行临时固定，待上部板块就位插接后再进行校核、调整，并最终将螺栓收紧、固定。

（2）玻璃板块安装顺序如图 3-29 所示。

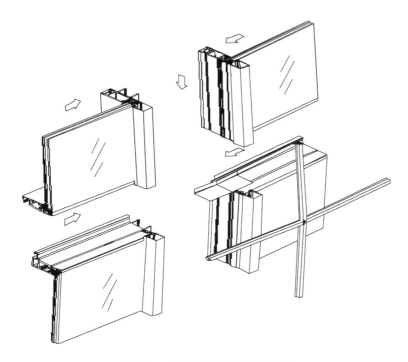

图 3-29 玻璃板块安装顺序示意图

3.9.3 保证控制

1. 质量控制

漆膜外观应均匀、平整、丰满和有光泽，颜色应符合设计要求，不允许有咬底、裂纹、剥落、针孔等缺陷。

涂料、涂装遍数、涂层厚度应符合设计要求。当设计对涂层厚度无要求时，涂层干漆膜总厚度：室外为 150μm，室内为 125μm，其允许偏差为 $-25\mu m$。每道涂层漆膜厚度的允许偏差为 $-5\mu m$。

检查数量：按构件数抽查 10%，且同类构件不应少于 3 件。检查方法：用干漆膜测厚仪检查，每个构件检测 5 处，每处数据为 3 个相距 50mm 测定涂层干漆膜厚度的平均值。

当钢结构处于有腐蚀介质环境或外露且设计有要求时，应进行涂层附着力测试，在检测处范围内，当涂层完整程度达到 70％时，涂层附着力达到合格质量标准要求。

检查数量：按构件数抽查 1％，且不应少于 3 件，每件测 3 处。检查方法：按照《漆膜划圈试验》GB/T 1720—2020 进行。

涂装完成后，构件的标志、标记和编号应清晰、完整。

涂装工程的验收：涂装工程施工完毕后，必须经过验收，符合钢结构涂装工程的要求后，方可交付使用。

2. 质量记录

钢构件底漆涂层产品合格证。

钢构件面漆涂层产品合格证。

钢构件涂层的质量检查记录和报告。

3. 质量否决制度

不合格的焊接、安装及操作，必须返工。

4. 可追溯性和标识管理制度

（1）进厂物资的标识

1）车间专职质安员对进货物资进行质量检验，并按表 3-9～表 3-11 进行质量记录。

板块尺寸偏差 表 3-9

序号	项目	尺寸范围（mm）	允许偏差（mm）	检测方法
1	组件长宽尺寸	≤2000	±1.5	用钢卷尺测量
		>2000	±2.0	
2	框接缝高低差	—	0.4	用钢卷尺测量
3	框内侧对角线及板块对角线	≤2000	≤2.5	钢卷尺测量
		>2000	≤3.0	
4	板块接缝间隙	—	≤0.4	用钢卷尺测量
5	胶缝宽度	—	+1.0，0	用塞尺测量
6	胶缝厚度	—	±0.5，0	用卡尺或钢板尺测量

预埋件支座面地脚螺栓允许偏差 表 3-10

序号	项目	允许偏差（mm）
1	预埋件标高	±5
2	预埋件水平度	1/20
3	支座面标高	±1.5
4	支座面水平度	1/100
5	支座中心偏移	±1
6	两支座中心距	±2
7	地脚螺栓中心距	±1
8	地脚螺栓对角线	±1.5

立柱安装质量标准 表 3-11

序号	项目名称	尺寸范围	允许偏差（mm）	检查方法
1	相邻立柱间距尺寸（固定端）	—	±1.5	用钢卷尺检查
2	立柱垂直度	高度≤30m	8	用经纬仪或激光仪检查
		30＜高度≤60m	12	
		60＜高度≤90m	15	
		高度＞90m	20	
3	立柱表面平整度	相邻三立柱	＜2	用激光仪检查
		宽度≤20m	≤5	
		20＜宽度≤40m	≤7	
		40＜宽度≤60m	≤9	
		宽度＞60m	≤10	
4	同高度内转接件的高度差	长度≤35m	≤5	用水平仪检查
		长度＞35m	≤7	

2）车间专职质安员会同材料部对检查结果予以确定，并对相应材料进行标识。

3）不合格品予以明显标识，并隔离堆放。

（2）构件加工过程的标识

1）车间专职质安员按照相关质量标准，对幕墙构件生产加工过程中的每一工序进行检验，并做好质量记录。

2）质安员对加工半成品进行标识。

3）产品发出时由质安员填写《材料半成品出厂、进场检验单》。

4）对于紧急放行或紧急转序的材料和成品要进行特殊标识，并由相应岗位的质安员进行检验。

3.10 拉索式玻璃幕墙设计施工技术

拉索式玻璃幕墙充分利用了玻璃通透的特性，使建筑物内外空间融为一体，扩大了建筑物内部的空间感，由于其视觉通畅、结构新颖、传力可靠，因此在各类公共建筑中得到广泛的应用。

此项技术适用于各种大型的公共建筑，这些建筑一般都代表着一个城市的形象，拉索式幕墙的通透性使这些建筑更加生动，拉近了建筑与人之间的距离。

3.10.1 工艺原理及流程

1. 工艺原理

拉索式点连接全玻璃幕墙是将玻璃面板用钢爪固定在索桁架上的全玻璃幕墙。它由三个部分组成：玻璃面板、索桁架、锚碇结构。

索桁架是跨越幕墙支承跨度的重要构件，索桁架悬挂在锚碇结构上，它由按一定规律布置的高强度的索及连系杆组成。索桁架起着形成幕墙系统，承担幕墙承受的荷载并将其传至锚碇结构的任务。

锚碇结构是指支承框架（由屋面梁、楼板梁、地锚、水平基础梁等组成），它承受索桁架传来的荷载，并将它们可靠地传向基础，同时锚碇结构也是索桁架赖以进行张拉的主体，索桁架要强力拉紧后才能形成幕墙系统。为了获得稳定的幕墙体系，必须施加相当的拉力才能绷紧，跨度越大，所需的拉力就越大，为此就需要有承受相当大反力的锚碇结构来维持平衡。

2. 工艺流程（图3-30）

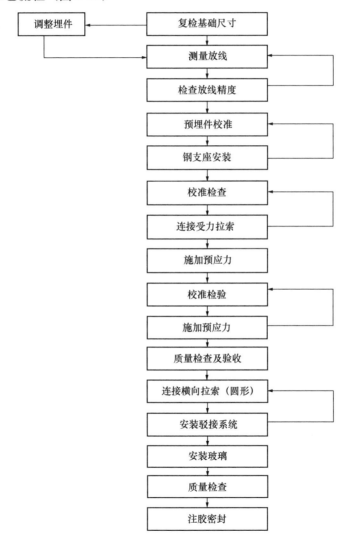

图 3-30 拉索式玻璃幕墙施工流程图

3.10.2　施工操作要点

1. 放线

（1）步骤

1）复查由土建方移交的基准线；

2）放标准线：在每一层将室内标高线移至外墙施工面，并进行检查；

3）以标准线为基准，按照图纸将分格线放在墙上，并做好标记；

4）分格线放完后，应检查预埋件的位置是否与设计相符，否则应进行调整或预埋件处理；

5）最后，用直径 0.5～1mm 的钢丝在单榀幕墙的垂直、水平方向各拉两根，作为安装的控制线，水平钢丝应每层拉一根（若宽度过宽，应每间隔 20m 设 1 支承点，以防钢丝下垂），垂直钢丝应间隔 20m 拉一根。

（2）注意事项

1）放线时，应结合土建的结构偏差，将偏差分解；

2）放线时，应防止误差积累；

3）放线时，应考虑好与其他装饰面的接口；

4）拉好的钢丝应在两端紧固点做好标记，以便钢丝断掉后快速重拉；

5）应严格按照图纸放线；

6）控制重点为基准线。

2. 预埋件的分格与安装

（1）按照土建进度，从下向上逐层安装埋件；

（2）按照幕墙的设计分格尺寸用经纬仪或其他测量仪器进行分格定位；

（3）检查定位无误后，按图纸要求埋设预埋件；

（4）安装预埋件时要采取措施防止浇筑混凝土时预埋件发生位移，控制好预埋件表面的水平或垂直，严禁歪、斜、倾等。

3. 拉索式玻璃幕墙的安装

（1）钢结构的安装

1）安装前，应根据甲方提供的基础验收资料复核各项数据，并标注在检测资料上。预埋件、支座面和地脚螺栓的位置、标高的尺寸偏差应符合相关的技术规定及验收规范，钢柱脚下的支撑预埋件应符合设计要求，需填垫钢板时，每叠不得多于三块。

2）钢结构的复核定位应使用轴线控制点和测量的标高基准点，保证幕墙主要竖向构件及主要横向构件的尺寸允许偏差符合有关规范及行业标准的规定。

3）构件安装时，对容易变形的构件应作强度和稳定性验算，必要时采取加固措施，安装后，构件应具有足够的强度和刚度。

4）确定几何位置的主要构件，如柱、架等应吊装在设计位置上，在松开吊挂设备后应作初步校正，构件的连接接头必须经检查合格后，方可紧固和焊接。

5）对焊缝要进行打磨，消除棱角和夹角，达到光滑过渡。钢结构表面应根据设计要求喷涂防锈、防火漆。

6）对于拉索驳接结构体系，应保证驳接件位置的准确性，一般允许偏差在±1mm，紧固拉杆（索）或调整尺寸偏差时，宜按照先左后右、由上至下的顺序，逐步固定驳接件位置，以单元控制的方法调整、校核，消除尺寸偏差，避免误差积累。

7）驳接爪安装：驳接爪安装时，要保证安装位置公差在±1mm内，驳接爪在玻璃重量作用下，驳接系统会有位移，可用以下两种方法进行调整：

① 如果位移量较小，可以通过驳接件自行适应，则要考虑驳接件有一个适当的位移能力；

② 如果位移量大，可在结构上加上等同于玻璃重量的预加载荷，待钢结构位移后再逐渐安装玻璃。无论在安装时，还是在偶然事故时，都要防止在玻璃重量下，驳接爪安装点发生位移，所以驳接爪必须能通过高抗张力螺栓、销钉、楔销固定不掉，驳接件固定孔、点和驳接爪间的连接方式不能阻碍两板间的自由移动。

（2）拉索及悬空杆的安装

拉索和悬空杆在安装过程中要掌握好施工顺序，安装必须按"先上后下，先竖后横"的原则进行。

1）竖向拉索的安装：根据图纸给定的拉索长度尺寸加1～3mm从顶部结构开始挂索，呈自由状态，待全部竖向拉索安装结束后进行调整，调整顺序也是先上后下，按尺寸控制单元逐层将悬空杆调整到位。

2）横向拉索的安装：待竖向拉索安装调整到位后连接横向拉索，横向拉索在安装前应先按图纸给定的长度尺寸加长1～3mm呈自由状态，先上后下，按尺寸控制单元逐层安装，待全部安装结束后调整到位。

3）悬空杆的定位、调整：在悬空杆的安装过程中必须对杆件的安装定位几何尺寸进行校核，前后索长度尺寸严格按图纸尺寸调整才能保证悬空连接杆与玻璃平面的垂直度。调整以按单元控制点为基准对每一个悬空杆的中心位置进行核准。确保每个悬空杆的前端与玻璃平面保持一致，整个平面度的误差应控制在不大于5mm/3m。在悬空杆调整时要采用"定位头"来保证悬空杆与玻璃的距离和中心定位的准确。

4）拉索的预应力设定与检测：用于固定悬空杆的横向和竖向拉索在安装和调整过程中必须提前设置合理的内应力值，才能保证在玻璃安装后受自重荷载作用的结构变形在允许的范围内。

5）竖向拉索内应力值的设定主要考虑以下几个方面：一是玻璃与驳接系统的自重；二是拉索螺纹的粗糙度与摩擦阻力；三是连接拉索、锁头、销头所允许承受拉力的范围；四是支承结构所允许承受的拉力范围。

6）横向拉索内应力值的设定主要考虑以下几个方面：一是校准竖向索偏拉所需的力；二是校准竖向桁架偏差所需的力；三是螺纹粗糙度与摩擦力；四是拉索、锁头、耳板所允许承受的拉力；五是支承结构所允许承受的力。

7）索的内力设置是采用扭矩通过螺纹产生力，用扭矩来控制拉杆内应力的大小。

8）在安装、调整拉索结束后用扭力扳手进行扭力设定和检测，通过对扭力表的读数来校核扭矩值。

9）配重检测：由于幕墙玻璃的自重荷载和所受的其他荷载都是通过悬空杆结构传递到主支承结构上的，为确保结构安装后在玻璃安装时拉杆系统的变形在允许范围内，必须对悬空点进行配重检测。

① 配重检测应按单元设置，配重的重量为玻璃在悬空杆上所产生的重力荷载乘以系数 1～1.2，配重后结构的变形应小于 2mm。

② 配重检测的记录。配重物的施加应逐级进行，每加一级要对悬空杆的变形量进行一次检测，一直到全部配重物施加在悬空杆上测量出其变形情况，并在配重物卸载后测量变形复位情况并详细记录。

（3）玻璃的安装

安装前应检查校对钢结构主支承的垂直度、标高，横梁的高度和水平度等是否符合设计要求，特别要注意安装孔位的复查。

安装前必须用钢刷局部清洁钢槽表面及槽底泥土、灰尘等杂物，驳接玻璃底部 U 形槽应装入氯丁橡胶垫块，对应于玻璃支承面宽度边缘左右 1/4 处各放置垫块。

安装前，应清洁玻璃及吸盘上的灰尘，根据玻璃重量及吸盘规格确定吸盘个数。

安装前，应检查驳接爪的安装位置是否准确，确保无误后，方可安装玻璃。

现场安装玻璃时，应先将驳接头与玻璃在安装平台上装配好，然后再与驳接爪进行安装。为确保驳接处的气密性和水密性，必须使用扭矩扳手，根据驳接系统的具体规格尺寸来确定扭矩大小。按标准安装玻璃时，应始终保持悬挂在上部的两个驳接头上。

现场组装后，应调整上下左右的位置，保证玻璃水平偏差在允许范围内。

玻璃全部调整好后，应进行整体立面平整度的检查，确认无误后，才能进行打胶密封。

密封部位的清扫和干燥：采用乙丙醇对密封面进行清扫，清扫时应特别注意不要让溶液散发到接缝以外的场所，清扫用纱布脏污后应常更换，以保证清扫效果，最后用干燥、清洁的纱布将溶剂蒸发后的痕迹拭去，保持密封面干燥。

贴防护纸胶带：为防止密封材料使用时污染装饰面，同时为使密封胶缝与面材交界线平直，应贴好纸胶带，要注意纸胶带本身的平直。

注胶：注胶应均匀、密实、饱满，同时注意施胶方法，避免浪费。

胶缝修整：注胶后，应将胶缝用小铲沿注胶方向用力施压，将多余的胶刮掉，并将胶缝刮成设计形状，使胶缝光滑、流畅。

清掉纸胶带：胶缝修整好后，应及时去掉保护胶带，并注意撕下的胶带不要污染玻璃面或铝板面；及时清理粘在施工表面上的胶痕。

清扫：清扫时先用浸泡过中性溶剂（5％小溶液）的湿纱布将污物等擦去，然后再用干纱布擦干净；清扫灰浆、胶带残留物时，可使用竹铲、合成树脂铲等仔细刮去。

清扫工具禁止使用金属物品，更不能用粘有砂子、金属屑的工具；绝对禁止使用酸性或碱性洗剂。

3.10.3　保证措施

1. 质量保证

在加工材料时，已制作加工完成的成品、构件、主副材料要有产品合格证、材质检测报告，要通过国家有关部门认可的检测机构检测、试验。安装过程中，要严格按照图纸施工。

2. 安全措施

施工前先做好三级教育及班前安全教育和安全交底。

所有用电设备及配电柜应安装漏电保护装置，并张贴安全用电标识；严禁无电工操作证人员进行电工作业，定期进行安全用电检查，不符合要求的立即整改。

定期对各种设备进行调试、保养和维修，保证施工设备的安全、可靠，各种设备必须严格按安全操作规程进行操作，严禁违章作业。

3. 环保措施

在施工过程中，自觉地形成环保意识，最大限度地减少施工中产生的噪声和环境污染，严格按照当地有关环保规定执行。

机械操作人员应经过培训，掌握相应的机械设备的操作要求、机械设备的养护知识、机械设备的环保要求、紧急状态下的应急响应知识后，方可进行机械操作。

施工时的废弃物应及时分类清运，保持工完场清。

3.11　可开启式天窗施工技术

随着新技术、新原理、新材料、新工艺的开发，开启窗也从幕墙的侧面发展到屋顶——开启式天窗。开启式天窗，顾名思义，是用于建筑屋顶的开启窗，集采光、通风、排热、排烟以及自动开启、手动开启等多种功能于一体的智能天窗系列产品，可以满足消防规范要求和通风要求。

本技术适用于大型采光顶或会展中心屋顶，用于满足室内采光、通风及消防等排烟要求。

3.11.1　工艺原理及流程

1. 工艺原理

开启天窗是智能联动的开启窗，其由开启扇、自动开窗器、控制箱三大部分所组成，其中开窗器根据开启扇大小按一套或两套开窗器（内置同步功能）进行配置，控制箱共由一套中央控制箱（配后备电池）控制，中央控制箱连接一个紧急按钮，一个风雨探测器，一个烟雾感应器，一个通风开关，并与消防控制中心连接（其中，风雨探测器是外置，烟雾感应器是内置，一般烟雾感应器可与大厅内其他消防设施共享）。

当发生火灾或刮风下雨时，烟雾感应器或风雨探测器向中央控制箱发出信号，中央控制箱接收到信号后，启动开窗器开启或关闭天窗，实现自动排烟或关闭天窗；发生火灾时，也可砸碎紧急按钮的玻璃，给中央控制箱发出信号，中央控制箱启动开窗器打开天窗。

2. 工艺流程（图 3-31）

3.11.2 施工操作要点

1. 排烟开启天窗安装

排烟天窗为固定自动开启铝合金中空夹胶玻璃窗，天窗龙骨为镀锌型材，玻璃封边为铝合金。按照图纸测放出天窗龙骨立柱、梁位置线，按放线位置焊接天窗龙骨立柱、梁。在梁上安装耳板，将排烟天窗铝合金框料按放线位置就位，调整位置偏差后，与安装耳板用螺栓进行固定。

2. 排烟天窗扇安装

由于玻璃为易碎品，施工时不宜采用起重机吊装，可使用卷扬机或捯链直接在安装位置进行提升。卷扬机或捯链通过脚手架架设在安装位置上空，天窗扇吊运到位后直接安装。安装后进行清洁，排烟天窗的开启装置最后安装，安装时严格按厂家安装说明书进行。

3. 天窗开启器安装

天窗开启器严格按厂家安装说明书进行安装。安装后检查开启状态，满足要求后进行单项验收。

4. 施工准备

施工前准备工作属于工程前期工作，准备工作的好坏、是否充分，对工程施工有很大的影响。工程项目经理要对工程的技术资料、工具、器具、材料、人员、机械、临时设施做好充分的准备，在把施工前各种准备工作做好的情况下，进行龙骨安装和面板安装。

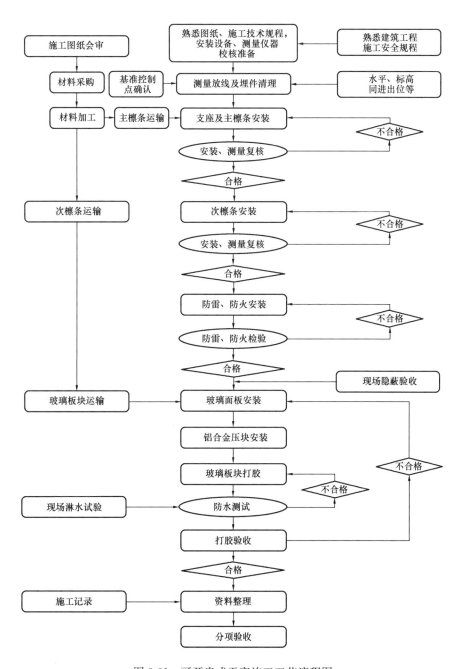

图 3-31　可开启式天窗施工工艺流程图

5. 龙骨安装（主、次檩条安装）

（1）工艺流程

检查主、次檩条型号、规格→对号就位→调节标高→点焊固定→验收→最终固定→防腐处理→记录。

（2）要点

1）主、次檩条选择型号、规格正确无误。

2）安装时避免出现死角，以保持可调节性。

3）选择恰当的安装顺序。

4）注意材料安全（防损、防丢失）、操作安全。

5）注意使用镀锌转接件时不得忘记主檩条与转接件之间的防腐处理。

6. 面板安装

（1）工艺流程说明

施工准备→钢底座安装→铝合金龙骨安装→板块安装→调整→固定→验收。

（2）基本操作说明

1）施工准备：由于板块安装在整个幕墙安装中是最后的成品环节，在施工前要做好充分的准备工作。准备工作包括人员准备、材料准备、施工现场准备。在安排计划时首先根据实际情况及工程进度计划安排好人员，一般情况下每组安排 4～5 人，安排时要注意新老搭配，保证正常施工及遵循老带新的原则。材料工器具准备是要检查施工工作面的玻璃板块是否到场，是否有没有到场或损坏的玻璃，另外要检查螺栓压块等材料及易耗品是否满足使用要求；施工现场准备要在施工段留有足够的场所，以满足安装需要。

2）钢底座安装：该系统铝合金龙骨通过钢支座与支撑檩条固定，此支座的安装关键在于位置的测量确定，当通过仪器确定具体位置时即通过点焊的方式进行临时焊接固定，待同一区域钢支座安装完毕并验收、检查后最终焊接固定，同样采取对称焊接的方式进行。

3）铝合金龙骨安装：该龙骨由底座和 U 形铝合金槽组成，安装前需先将两者拼接后再与钢底座进行固定。

4）面板初安装：安装时每组 4～5 人，安装有以下几个步骤：

① 检查寻找玻璃板块。

② 运玻璃板块。

③ 调整方向。

④ 将玻璃板块抬至安装位。

⑤ 落入龙骨槽。

⑥ 对胶缝。

⑦ 上压块（临时固定）。

5）调整：

玻璃板块初装完成后就对其进行调整，调整的标准为横平、竖直、面平。横平即龙骨在同一平面内；竖直即胶缝垂直；面平即各玻璃在同一平面内。室外调整完后还要检查室内该平的地方是否平，各处尺寸是否达到设计要求。

① 固定：玻璃板块调整完成后马上要进行固定；主要是用压块固定；上压块时要注意间距不大于 300mm，上压块时要上正压紧，杜绝松动现象。

② 验收：每次玻璃安装时，从安装过程到安装完后，全过程进行质量控制，验收也是穿插于全过程中，验收的内容有：

a. 板块自身是否有问题。

b. 胶缝大小是否符合设计要求。

c. 胶缝大小是否横平竖直。

d. 玻璃板块是否有错面现象。

e. 室内铝材间的接口是否符合设计要求。

f. 验收记录、上压块固定属于隐蔽工程的范围，要按隐蔽工程的有关规定做好各种资料。

7. 管理要领

（1）计划好安装、供应现场堆放等环节的协调配合。

（2）严格把好质量关，包括半成品、原材料安装施工等。

（3）注意劳动安全的保护。

（4）注意劳动成果的保护。

（5）安排好人员、材料运输、现场管理。

8. 排烟窗安装

（1）施工前准备

1）熟悉图纸资料：

了解图纸内容，注意图纸安装要求。熟悉现行规范、技术标准，及时与相关工程师进行技术沟通、交流，明确施工任务，便于组织下一步工作。

2）主要安装工具：

① 电锤、电钻、水平仪、电缆线、喷灯、锡锅等。

② 测试检验工具：万用表、水平板、试电笔、钢卷尺、方尺、水平尺、钢板尺、线坠等。

（2）进场材料的报验制度

1）进场的所有材料，要认真与封存的样品对比并及时通知材料员、监理单位工程师，认真填写进场材料报验单。

2）对有异议的进场材料，要严格把关，听从监理意见，该退回的退回，并责令对造成该情况的原因写出书面材料。

（3）穿线管的敷设

1）所有电源线缆和信号线缆均要求穿管安装。

2）金属管与分线盒连接采用锁母及锁扣，分线盒盒口处安装塑料护口对电线作以保护。

3）每到一开启扇要接入一个 85mm×85mm 的分线盒，分线盒应用 $4\phi2.5$mm 的螺栓固定整齐。

4）开窗机电源线从分线盒处用直径 10mm 金属软管相套，敷设至开窗器处。

（4）电线的敷设

1）材料

① 开窗器连接线：电源线 2 根（线径视现场距离算）；

② 破拨紧急按钮：8 根信号线（线径视现场距离算）；

③ 手动开关：4 根信号线（线径视现场距离算）；

④ 对排烟窗系统，其电源线缆和信号线缆均采用 NHBV 线。

2）材料要求

电线敷设前应对导线进行详细检查：首先要检查电线出厂的试验报告，CCC 认证标志和认证证书复印件，核对其耐压试验、规格型号、截面、电压等级，均应符合规范要求。外观应无扭曲、损坏等现象。同时，要对每盘线缆用万用表检测其有无断点。

3）施工工艺

① 电线在穿管前，应整理导线，使得排列整齐，避免严重交叉。

② 要对电线进货长度进行核对，不要轻易将电线剪断。

③ 敷设电线到分线盒处，应在该处留出 200～300mm 的余量。

④ 当遇有电线长度不够，需要延长电线时，导线接头要焊锡连接，且接头焊锡要饱满，焊锡的温度要适当、均匀。刷锡后要及时将焊剂清除干净，保持接头部位的洁净。

⑤ 线路在连接完成后，应使用万用表进行线路连接后的检查，确保每个接头完好接通，以及与其他接头没有粘连，即与其他线路没有短路。

⑥ 在确保电线接通的情况下对接头处导线要进行包扎，要用塑料绝缘布从完好绝缘层开始包扎，在包扎过程中应尽可能收紧，包扎时要衔接好接口。

⑦ 线路检查：接、焊、包全部完成后，应进行自检和互检，导线接、焊、包要符合设计要求及有关施工验收规范及质量标准的规定。

⑧ 垂直敷设电线时，应分段固定电线，以防止导线过长、过重造成电线拉断。

9. 分线盒的安装

（1）分线盒明装在金属管之间。

（2）严格按照施工图的要求，在开窗器的正上方位置安装分线盒。

（3）将金属管与分线盒固定紧，并将预留的电线穿出，将分线盒与固定架固定牢固即可。

10. 开窗器的安装

（1）电源连接线的穿管：

将开窗机随机带的信号连接线，通过金属软管连接到接线盒内，穿线时应两个人协调配合。注意保护好已安装完成的成品。

（2）测试穿出的导线是否连通。

（3）组件的安装：

开窗器应安装在活动窗扇下方的两边位置，底座组件安装在开窗器的正中心，应处于同一水平线上，不能出现高低、前后偏差；开启扇上的组件安装应与开窗器推杆出口处相对应，如此才能保证开窗器工作的平稳性、开启角度的一致性。

（4）开窗器与组件的安装：

1）将开窗器平稳连接在已安装到位的组件上，用销钉将组件与开窗器连接紧固即可；同时将链条头部的方便销钉与活动窗扇上的组件连接即可。

2）通风窗链式开窗器的安装：开窗器的安装应统一弹线定位，确保横平竖直。

3）先装样品，开窗器推杆出口，应位于窗扇宽度方向两边，安装底座组件定位划线。

4）开窗器与底座组件的连接：将开窗器从侧面顺滑道插进底座组件后，用螺钉旋具将底座组件上的螺钉固定紧，再把开启扇组件头固定好后，将推杆与组件头用销钉插好即可。

5）对安装好后的开窗器进行通电运行，检查底座组件及推杆连接头安装得是否合适并作调整。

11. 手动通风开关的安装

（1）根据施工图所标注的手动开关的位置明装。

（2）信号连接线的穿管：将手动开关所需的信号连接线，从手动开关的位置穿暗管到控制箱的进线口位置。

（3）检查穿出的导线是否通断。

（4）手动开关面板的安装：将开关底座水平固定在要求的位置上，检测线路通断后，对应与开关的管角接好，然后用螺栓与开关座固定牢固。固定时要调整面板，使之端正。

12. 破玻紧急消防按钮的安装

（1）施工程序：

1）根据施工图所标注的破玻紧急按钮的位置，明装紧急按钮。

2）根据设计要求，找到位置，并按紧急按钮外形尺寸进行弹线定位。

3）从紧急按钮明装的位置到控制箱的线缆穿管敷设。

4）信号连接线的穿管：将紧急按钮所需的信号连接线，从紧急按钮位置的接线盒穿管到控制箱的接线端口引出。穿管的方法可通过穿带线，既检查管路的通畅，又作为电线的牵引线使用，穿线时应两个人协调配合。带线可使用镀锌钢丝，应顺直无死弯、扭结等现象，并具有相应的机械拉力。应根据管径大小选择护口。

（2）检查穿出导线是否连通。

（3）紧急按钮面板的安装：将面板水平放置，确定安装定位孔，对正安装孔，用镀锌螺栓固定牢固。固定时要使面板端正。

13. 控制箱的安装

（1）根据设计图纸要求确认设备安装位置，然后再进行施工安装。

（2）弹线定位：按照控制箱外形尺寸进行弹线定位。

（3）控制箱安装应牢固、平正，其允许偏差不应大于 3mm。

3.11.3 保证措施

1. 质量保证措施

严格执行建筑材料管理制度。幕墙所使用的各种材料必须符合设计和规范要求。检验不合格的材料严禁入场，并落实责任制，发挥各级质量员的能动作用，将质量隐患消除在萌芽状态。

做好组件成品保护。结构玻璃成品验收合格后，装箱运往工地。装箱时，每个组件间用泡沫板隔离，保护组件在运输过程中的安全。

玻璃安装的外观效果及平整度是工程质量的关键。在玻璃上墙前，专职质检人员对框的平整度，利用经纬仪、水平仪等仪器进行检查，对其平整性作统一调整。

2. 安全措施

安装幕墙用的施工机具在使用前必须进行严格检验。吊篮须作荷载试验和各种安全保护装置的运转试验；手电钻、电动螺钉旋具、焊钉枪等电动工具须作绝缘电压试验；手持玻璃吸盘和玻璃吸盘安装机，须检查吸附重量和进行吸附持续时间试验。

施工人员配备必要的劳动保护用品，如安全帽、安全带、工具袋、防毒面具、手套等，铺设施工安全网防止人员及物件坠落伤人。

高处作业安全注意事项：

（1）六级和六级以上的大风天，看不清信号的雾天、暴雨天，均禁止露天高处作业。

（2）高处作业时禁止往下扔材料、工具、焊条头、钉和其他物品。

（3）高处作业时，所有的工具、零件，凡有可能掉下的物体必须事先拴好，系在绳上或固定物上。

（4）高处作业时必须戴好安全帽，系好安全带，安全带要低坐高挂。

（5）施工时，应创造上下和操作的安全条件，并教育施工人员按指定的通道上下，禁止沿绳索或架杆上下，不能在墙上行走操作。

（6）在幕墙安装与上部结构施工交叉作业时，结构施工层下方须架设挑出3m以上的防护装置。

（7）幕墙施工中设专职安全人员进行监督和巡回检查。

（8）建立环境保护领导小组，按要求制定施工环境保护目标。在工程施工过程中严格遵守国家和地方政府下发的有关环境保护的法律、法规和规章，严格规划施工场地的位置，加强对施工扬尘的控制，加强对施工燃油、废水、生产生活垃圾、弃渣的控制和治理，做到生活污水、生产废水、固体垃圾的处理率达到百分之百。

（9）合理规划生产场地的位置、规模，施工场地合理布置、规范围挡，做到标牌清楚、齐全，各种标识醒目，施工场地整洁、文明。

（10）对空压机、钻机、发电机、爆破机具等高噪声机械，合理安排使用时间，减少噪声污染。加强机械设备的维修和保养，保证机械设备的正常运转，降低噪声的等级。

（11）在施工区域及施工便道安排专人、专车洒水保护，确保施工场地及便道无扬尘现象。做好弃渣及其他工程材料运输过程中的防散落与防沿途污染措施，并按指定的地点和方案进行合理堆放和处置。

4 专项技术研究

4.1 大面积软弱地基处理技术——强夯技术

强夯技术指的是为提高软弱地基的承载力，用重锤自一定高度下落夯击土层使地基迅速固结的方法，又称动力固结法。利用起吊设备，将10～25t的重锤提升至10～25m高处使其自由下落，依靠强大的夯击能和冲击波作用夯实土层。

使用工地常备简单设备；施工工艺、操作简单；适用土质范围广；加固效果显著，可取得较高的承载力，一般地基强度可提高2～5倍；变形沉降量小，压缩性可降低2～10倍，加固影响深度可达6～10m；土粒结合紧密，有较高的结构强度；工效高，施工速度快（一套设备每月可加固5000～10000m² 地基），较换土回填和桩基工期缩短一半；节省加固原材料；施工费用低，节省投资，比换土回填节省60%的费用；与预制桩加固地基相比可节省投资50%～70%；与砂桩相比可节省投资40%～50%，同时耗用劳动力少，现场施工文明等。

本方法适于加固碎石土、砂土、低饱和度粉土、黏性土、湿陷性黄土、高填土、杂填土以及"围海造地"地基、工业废渣、垃圾地基等的处理；也可用于防止粉土及粉砂的液化，消除或降低大孔土的湿陷性等级；对于高饱和度淤泥、软黏土、泥炭、沼泽土，如采取一定技术措施也可采用，还可用于水下夯实。强夯不得用于不允许对工程周围建筑物和设备有一定振动影响的地基加固，必需时，应采取防振、隔振措施。

4.1.1 工艺原理及流程

1. 工艺原理

强夯技术是在极短的时间内对地基土体施加一个巨大的冲击能量，使得土

118

体发生一系列的物理变化，如土体结构的破坏或液化、排水固结压密以及触变恢复等。其作用结果使得一定范围内地基强度提高，孔隙挤密并消除湿陷性。强夯过程对地基状态的影响如图 4-1 所示，强度提高明显的区段是 Ⅱ 区，压密区的深度即为加固深度。

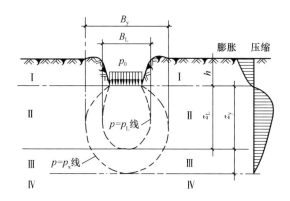

图 4-1　强夯加固地基模式

Ⅰ—膨胀区；Ⅱ—加固区；Ⅲ—影响区；Ⅳ—无影响区

p_L—地基极限强度；p_x—地基屈服强度

2. 工艺流程

强夯施工程序为：清理、平整场地→标出第一遍夯点位置，测量场地高程→起重机就位，夯锤对准夯点位置→测量夯前锤顶高程→将夯锤吊到预定高度脱钩自由下落进行夯击，测量锤顶高程→往复夯击，按规定夯击次数及控制标准，完成一个夯点的夯击→重复以上工序，完成第一遍全部夯点的夯击→用推土机将夯坑填平，测量场地高程→在规定的间隔时间后，按上述程序逐次完成全部夯击遍数→用低能量满夯，将场地表层松土夯实，并测量夯后场地高程。

4.1.2　施工操作要点

做好强夯地基的地质勘察，对不均匀土层适当增多钻孔和原位测试工作，掌握土质情况，作为制定强夯方案和对比夯前、夯后加固效果之用。必要时进行现场试验性强夯，确定强夯施工的各项参数。同时，应查明强夯范围内的地下构筑物和各种地下管线的位置及标高，并采取必要的防护措施，以免因强夯施工而造成损坏。

强夯前应平整场地，周围做好排水沟，按夯点布置测量放线确定夯位。地下水位较高时，应在表面铺 0.5～2m 厚中（粗）砂或砂砾石、碎石垫层，以防设备下陷和便于消散强夯产生的孔隙水压，或降低地下水位后再强夯。

16	13	10	7	4	1
17	14	11	8	5	2
18	15	12	9	6	3
18'	15'	12'	9'	6'	3'
17'	14'	11'	8'	5'	2'
16'	13'	10'	7'	4'	1'

图 4-2　强夯顺序

强夯应分段进行，顺序从边缘夯向中央（图 4-2）。对厂房柱基亦可一排一排夯，起重机直线行驶，从一边向另一边进行，每夯完一遍，用推土机整平场地，放线定位后即可接着进行下一遍夯击。强夯法的加固顺序是：先深后浅，即先加固深层土，再加固中层土，最后加固表层土。最后一遍夯完后，再以低能量满夯一遍，如有条件以采用小夯锤夯击为佳。

回填土应控制含水量在最优含水量范围内，如低于最优含水量，可钻孔灌水或洒水浸渗。

夯击时应按试验和设计确定的强夯参数进行，落锤应保持平稳，夯位应准确，夯击坑内积水应及时排除。坑底上含水量过大时，可铺砂石后再进行夯击。在每一遍夯击之后，要用新土或周围的土将夯击坑填平，再进行下一遍夯击。强夯后，基坑应及时修整，对于高饱和度的粉土、黏性土和新饱和填土，进行强夯时，很难控制最后两击的平均夯沉量在规定的范围内，可采取：

（1）适当将夯击能量降低；

（2）将夯沉量差适当加大；

（3）填土采取将原土上的淤泥清除，挖纵横盲沟，以排除土内的水分，同时在原土上铺 50cm 厚的砂石混合料，以保证强夯时土内的水分排出；在夯坑内回填块石、碎石或矿渣等粗颗粒材料，进行强夯置换等措施。通过强夯将坑底软土向四周挤出，使在夯点下形成块（碎）石墩，并与四周软土构成复合地基，一般可取得明显的加固效果。

雨期填土区强夯，应在场地四周设排水沟、截洪沟，防止雨水流入场内；填土应使中间稍高；土料含水率应符合要求；认真分层回填，分层推平、碾压，并使表面保持 1‰～2‰ 的排水坡度；当班填土当班推平压实；雨后抓紧排除积水，推掉表面稀泥和软土，再碾压；夯后夯坑立即推平、压实，使高于四周。

冬期施工应清除地表的冻土层再强夯，夯击次数要适当增加，如有硬壳层，要适当增加夯次或提高夯击功。

做好施工过程中的监测和记录工作，包括检查夯锤重和落距，对夯点放线进行复核，检查夯坑位置，按要求检查每个夯点的夯击次数和每击的夯沉量等，并对各项参数及施工情况进行详细记录，作为质量控制的依据。

4.1.3 保证措施

1. 质量控制

施工前应检查夯锤重量、尺寸、落锤控制手段、排水设施及被夯地基的土质。

施工中应检查落距、夯击遍数、夯点位置、夯击范围。

施工结束后，检查被夯地基的强度并进行承载力检验。检查点数，每一独立基础至少有一点，基槽每 20 延米有一点，整片地基 50～100m² 取一点。强夯后的土体强度随间歇时间的增加而增加，检验强夯效果的测试工作，宜在强夯之后 1～4 周进行，而不宜在强夯结束后立即进行测试工作，否则测得的强度偏低。

强夯地基质量检验标准如表 4-1 所示。

强夯地基质量检验标准 表 4-1

项目	序号	检查项目	允许偏差或允许值		检查方法
			单位	数值	
主控项目	1	地基强度	设计要求		按规定方法
	2	地基承载力	设计要求		按规定方法

续表

项目	序号	检查项目	允许偏差或允许值		检查方法
			单位	数值	
一般项目	1	夯锤落距	mm	±300	钢索设标志
	2	锤重	kg	±100	称重
	3	夯击遍数及顺序	设计要求		计数法
	4	夯点间距	mm	±500	用钢尺量
	5	夯击范围（超出基础范围距离）	设计要求		用钢尺量
	6	前后两遍间歇时间	设计要求		—

2. 安全措施

强夯前应对起重设备、所用索具卡环等进行全面检查，并进行试吊、试夯，检查各部位受力情况，一切正常，方可进行强夯。每天开机前，应检查吊锤机械各部位是否正常及钢丝绳有无磨损等情况，发现问题，应及时处理。

对桅杆等强夯机具应经常检查是否平稳和地面有无沉陷，桅杆底部应垫80～100mm 厚木板。

吊锤机械停稳并对好坑位后，方可进行强夯作业。起吊夯锤，吊索要保持垂直；起吊夯锤或挂钩不得碰撞吊臂，应在适当位置挂废汽车轮胎加以保护。

夯锤起吊后，臂杆和夯锤下 15m 内严禁站人，且不得在起重臂旋转半径范围内通过。非工作人员应远离夯点 30m 以外，现场操作人员应戴安全帽。

起吊夯锤速度不应太快，不能在高空停留过久，严禁猛升猛降，以防夯锤脱落；停止作业时，不得将夯锤挂在高空。

夯击过程中应随时检查坑壁有无坍塌可能，必要时采取防护措施。

为减少吊臂在夯锤下落时的晃动和反弹，应在起重机的前方用推土机拉缆风绳作地锚。

施工场地周围设置警示标语、警示线，悬挂警示牌，夜间应有警示灯。

3. 环保措施

干燥天气进行强夯作业，在夯击点附近应洒水，以防止粉尘造成空气污染。

起重机应设防护罩，操作司机应戴防护眼镜，以防落锤时飞石、土块击碎驾驶室玻璃伤人。

现场施工机具应堆放整齐，废弃物品应回收分类整理。

4.2 大跨度混凝土结构预应力技术

预应力混凝土技术已经在我国土木工程领域得到越来越广泛的应用。预应力技术由于能解决大跨度结构中混凝土梁的刚度问题，很好地控制结构的裂缝和挠度，具有良好的经济性能，因而广泛地应用于大跨度连续框架结构中。预应力技术的应用，扩大了建筑物的跨度和空间，降低了梁高和楼板厚度，增加了建筑使用面积，降低了工程造价，满足了质量、安全及建筑风格或造型的需要，已成为现代工程建设中不可或缺的组成部分。

预应力混凝土除了具有钢筋混凝土的所有优点外，它的主要特点是：

（1）预应力混凝土结构，由于能够充分利用高强度材料（高强度混凝土、高强度钢筋），所以构件截面小，自重弯矩占总弯矩的比例大大下降，结构的跨越能力得到提高。

（2）与钢筋混凝土相比，一般可以节省钢材 30%～40%，跨径愈大，节省愈多。

（3）全预应力混凝土梁在使用荷载下不出现裂缝，即使部分预应力混凝土梁在常遇荷载下也无裂缝，鉴于全截面参加工作，结构的刚度就比通常开裂的钢筋混凝土结构要大。由于能消除裂缝，这就提高了结构的耐久性。

本技术适用于工业、民用建筑中大面积、大跨度结构的施工。

4.2.1 工艺原理及流程

1. 工艺原理

预应力混凝土受弯构件是依靠内力臂的变化来抵抗外弯矩的作用，在受力过程中预应力筋一直承受较大的拉力 N_p，而截面混凝土则一直主要承受压力

C。钢筋混凝土受弯构件开裂后，内力臂基本保持不变，而钢筋拉力 T 和压区混凝土的压力 C 随弯矩增长而不断增大。预应力混凝土的这种受力特点，充分利用了钢筋抗拉强度和混凝土抗压强度高的特性，可以使得高强度材料强度高的性能得以发挥，从而达到增加混凝土结构的承载力的目的。

2. 工艺流程

梁无粘结预应力施工流程：

安装梁底模→绑扎梁箍筋及钢筋和保护层→在箍筋上画出预应力筋坐标位置并焊接钢筋托架→预应力筋质量检验→预应力筋下料、组装→预应力筋铺设，预埋件安装→安装梁两侧模板→安装楼板底模和绑扎楼板钢筋→检查和验收→浇筑混凝土（留置混凝土试块）→混凝土养护，拆梁侧模和楼板底模板→锚具质量检查→千斤顶校验，检查张拉设备和压试块→预应力筋张拉→拆梁底模及支撑→切割端部钢绞线。

板无粘结预应力施工流程：

清理下料场地→放线→下料→编号→修补→成盘→吊运→待楼板底筋铺放后铺无粘结筋→验收→浇筑混凝土→拆模→张拉→切筋。

4.2.2　施工操作要点

1. 现场无粘结筋的制作

（1）无粘结预应力筋下料长度：L＝梁内无粘结筋长度＋张拉端工作长度（每端 300～400mm），对于需要采用变角张拉装置的预应力筋，可适当增加下料长度（150～200mm）。

（2）放线下料：成盘供应的无粘结筋质量约为 1.5t，在放线时尽量减少破损。现场用砂轮切割机下料。下料中仔细检查无粘结筋个别破损处，及时用胶粘带封裹。下料时对不同长度的无粘结筋分类编号。

（3）埋入式固定端采用挤压锚，承压板采用铸造型压入式。无粘结筋一端剥去 100mm 的套管，同有粘结筋一样挤压组装。

2. 无粘结预应力筋铺放及浇筑混凝土

（1）梁无粘结筋的铺放

无粘结预应力筋布束要点：

1）无粘结预应力筋支托按照图纸间距、标高，用直径 8mm 钢筋焊在箍筋上。要求位置准确，特别注意预应力筋曲线的最高点、最低点及反弯点等位置标高的准确性；绑扎要求牢靠。穿束过程中，当钢绞线束根数较多，又为超长束时，可在孔道中间位置留设 2m 长的助力段，即采用前拉后推中间送的办法。

2）无粘结筋与锚垫板垂直。张拉端承压钢板与螺旋筋点焊固定，挤压锚的承压钢板与螺旋筋用扎丝固定。

3）梁预应力筋在梁侧面的张拉端，采用凹入式构造（用泡沫穴模）。安装时，穴模应紧贴板端模板，承压钢板要垂直，并与梁内钢筋点焊固定。在梁面张拉的梁预应力筋和板预应力筋采用泡沫留孔。

4）隐蔽工程检查时，检查的重点是无粘结筋塑料套管有无破损；无粘结预应力筋标高是否与设计要求一致；张拉端和固定端是否妥当；张拉端外露长度是否足够；无粘结预应力筋曲线是否平顺；检查后记录备档，立侧模前纠正。

（2）板无粘结筋的铺放

1）板预应力筋混凝土保护层（表 4-2）。

板的混凝土保护层最小厚度（mm） 表 4-2

约束条件	耐火极限（h）			
	1	1.5	2	3
简支	25	30	40	55
连续	20	20	25	30

2）无粘结预应力筋布束要点：

① 无粘结预应力筋绑扎要求位置准确。平板中无粘结预应力筋带状布置时，应采取可靠的固定措施，保证同束中各根无粘结预应力筋具有相同的矢高。

② 板内预应力筋为保证直线形无粘结筋的位置，用间距为 1000～1200mm 的马凳钢筋或成品塑料保护层垫块控制无粘结筋的标高。

③ 一般情况下各种管道应在预应力筋布置好后铺设，并尽量为预应力筋让路。

④ 为保证张拉顺利，无粘结束在靠近承压钢板处要有 350～500mm 的平直段，即无粘结筋与锚垫板垂直。张拉端承压钢板与螺旋筋点焊固定，挤压锚的承压钢板与螺旋筋用扎丝固定。

⑤ 预应力筋的张拉端安装时，穴模应紧贴板端模板，承压钢板要垂直，并与板内钢筋点焊固定。

⑥ 隐蔽工程检查时，检查的重点是无粘结筋塑料套管有无破损；无粘结预应力筋束是否位于板中间，与设计要求一致；张拉端和固定端安装是否妥当；张拉端外露长度是否足够；检查后记录备档，立侧模前纠正。

（3）混凝土的浇筑

浇筑混凝土应注意以下几点：

1）在浇筑混凝土之前，需再对无粘结筋束形、数量、各关键位置及埋入端锚具进行认真检查，发现问题及时改正。

2）浇筑混凝土前，应进行隐蔽工程检查验收，并填写"隐蔽工程检查验收单"进行分项工程交接。

3）浇筑混凝土时，严禁踏压无粘结筋及触碰锚具，确保无粘结筋的束形和高度的准确。

4）混凝土应振捣密实，尤其是张拉端和固定端的预埋承压垫板处不允许出现漏振和孔洞。

5）加强混凝土养护，夏季应防止水分蒸发。

3. 预应力张拉

为确保预应力张拉值的正确建立，在预应力张拉前对各套张拉设备在标准试验机上进行标定，给出各台设备的标定曲线。正常张拉中按施工规范要求，定期进行中间标定。

浇筑混凝土后 1~2d 时间，混凝土达到能拆端模的强度时，先拆除端头模板，派人清理端部，拔去塑料穴模的锥形前套，检查张拉端承压钢板上与锚环接触部位的混凝土是否清理干净等。

预应力筋张拉应有同条件养护试块的试压报告。

预应力筋的张拉应遵循分批、对称的原则，每排先拉中间束，再张拉旁边束，其张拉程序为：

$$0 \rightarrow 0.1\sigma_{con} \rightarrow 0.6\sigma_{con} \rightarrow 1.03\sigma_{con}（锚固）。$$

先张拉板预应力筋，再张拉梁预应力筋。

预应力筋张拉控制应力 $\sigma_{con} = 0.7 f_{ptk}$。

预应力筋的张拉控制力 $N_{con} = 187.7 \text{kN}/$束。

预应力筋的张拉伸长值应按施工图和规范要求进行计算，计算过程与有粘结预应力基本相同，其中 k、u 取值不同。

张拉基本步骤：

（1）剥除张拉端承压钢板外露的塑料套管，清理端部，安装锚具夹片。

（2）张拉时采用应力控制，伸长值校核，具体操作为：穿入前卡千斤顶，张拉至初应力（$0.1\sigma_{con}$）时记录初读数，张拉至 $0.6\sigma_{con}$ 时记录中间伸长值，张拉至 $1.03\sigma_{con}$ 时记录伸长值，卸荷锚固。

（3）实际伸长值与计算伸长值偏差应在 +6%～-6% 之内，否则应暂停张拉，查明原因并采取措施后方可继续张拉。

（4）锚具张拉回缩值应控制在 6~8mm 范围内。

张拉操作要点：

（1）安装锚具前必须把梁端预埋件清理干净，先装好锚板，后逐孔装上夹片。

（2）锚具安装时，锚板应对正，夹片应打紧，且间隙要均匀；但打紧夹片时不得过重敲打，以免把夹片敲坏。

（3）安装张拉设备时，千斤顶张拉力的作用线应与预应力筋末端的切线重合。

（4）张拉时，应先从零加载至量测伸长值起点的初拉力，然后分级加载至所需张拉力。

（5）张拉时，要严格控制进油速度，回油应平稳。

（6）张拉过程中，应认真测量每束预应力筋的伸长值，并做好记录。

预应力张拉方案待混凝土浇筑后，张拉前申报批准。

4. 端头切割

张拉后的无粘结筋应立即进行封端保护，用手提砂轮切割机切除张拉后多余的预应力筋，切割处离夹片不小于 30mm。

4.2.3 保证措施

1. 质量控制

钢绞线、波纹管、张拉设备、预应力混凝土等材料和设备符合国家及行业相关标准。

梁、板（特别是梁）的底脚手支架在张拉前不得随意拆除，一般应待预应力筋张拉后方能拆除。有粘结预应力底脚手架应在灌浆 3d 后才能拆除。

待预应力混凝土强度等级达到设计值的 80% 以上时才能进行张拉，张拉时，混凝土强度等级测定采用同条件养护试块和现场回弹值双控。

2. 安全管理措施

落实安全生产责任制，明确各级管理人员和各班组的安全生产职责，对各班组进行有针对性的安全技术交底（履行签字手续）。会后由专职安全员对各班组施工人员进行上岗前的安全教育和安全技能培训。

严格按安全操作规程施工，对施工现场所有施工机械设备统一定期进行安全检查，发现问题及时解决。

预应力筋穿束和张拉时应搭设牢固的穿束平台，平台上应满铺脚手板，平台挑出张拉端应不小于 2m。

张拉时千斤顶两端严禁站人，闲杂人员不得围观，预应力施工人员应在千斤顶两端操作，不得在端部来回穿越。

穿束和张拉地点上、下垂直方向严禁其他工种同时施工。

高空作业时防止坠落，必要时预应力梁两端可搭设安全网。

孔道灌浆主要人员应戴防护镜，以防水泥浆喷出伤眼。

3. 环保措施

对施工现场的噪声、废水、建筑垃圾等进行监测，均须达到国家和地方环保标准要求。

张拉设备应优先选用噪声低、能源利用率高、工效高的设备。

施工作业面必须做到工完场清。

搅拌站、混凝土输送泵搭设封闭的防护棚并采取隔声措施。

施工现场设置密闭式垃圾站，将施工垃圾和生活垃圾进行分类存放，并及时清运出场。对于废油采取集中存放，统一处理。

防止施工噪声、夜班灯光和电焊弧光对周围居民正常生活产生影响。

4.3　复杂空间钢结构高空原位散件拼装技术

桁架钢结构的特点是跨度大，支撑体系设计复杂，技术含量高，施工难度大。随着目前国内桁架钢结构在大型公共建筑、会展建筑的广泛应用，对桁架结构的安装也提出了更高的要求。众多的预埋件以及脚手架高支体系由于标高、轴线复杂，施工难度大，是直接影响高空桁架安装整体质量的重要部分。因此，研究大跨度钢结构桁架施工技术及其质量通病的防治对于同类型工程的设计、施工和使用都具有深远的意义。

通过多方借鉴国内钢结构施工的先进经验，大胆创新，福州海峡国际会展中心工程钢结构施工中运用高空散装法取得了良好的效果，钢结构完成后受到了各方好评，经总结形成本施工技术。

钢结构构件均通过电脑模拟空间定位，在工厂加工制作，机械化生产，运至工地就位，现场拼装，加工精度高，便于现场安装。

施工工艺简便，操作便捷，施工工期短。

施工安全，操作工人工作环境较好。

采用钢结构桁架与稳定性较高的支撑体系共同作用，使桁架在安装过程中受力均匀，安装精度高，质量可靠。

本技术适用于跨度大、高度高、空间结构复杂的钢结构桁架、网架结构施工。

4.3.1　工艺原理及流程

1. 工艺原理

钢桁架结构是一个由很多构件组成的空间体系，主要包括不同型号的杆件、螺栓、支座等，在桁架安装前，首先要用电脑对桁架结构进行三维空间设计，确定每个连接结点的空间位置和每个杆长及方向。钢结构桁架安装采用高空散装法，即施工区域下方搭设满堂脚手架，在脚手架上满铺脚手板形成一个工作平台，施工人员在平台上完成安装作业。施工人员在工作平台上将桁架每根杆件装成一榀小桁架后借助人力将这一榀桁架小单元吊至桁架安装部位，由安装工人将这榀桁架小单元用高强度螺栓连接到桁架的节点中，这样形成一个小单元和一个小单元空中拼接式，拼装到每个支撑点，将支座校正后和预埋件焊接牢固，直至桁架整体封闭合拢。

2. 工艺流程

测量放线定位→调整预埋件→支撑体系搭设→半成品堆放→安装对称轴上的构件→调整杆件位置→对称轴局部桁架调整→向两侧对称推进→支座焊接→马道安装→支托安装→主檩条安装→落架（产生应力转换）。

4.3.2　施工操作要点

桁架施工流水段的划分：按照设计图纸结构形式将桁架钢屋盖施工区域以中间为界划分为东、中、西三个施工区段，安装顺序为先安装东和西两个对称区，然后中区，每个施工区段采用控制中间轴线标高的方法拼装，从中间向两侧推进安装，以减小累计偏差和便于控制标高，使误差消除在边缘上。单元间拼装完成时采用捯链和千斤顶进行安装精度调整和校正(图 4-3)。

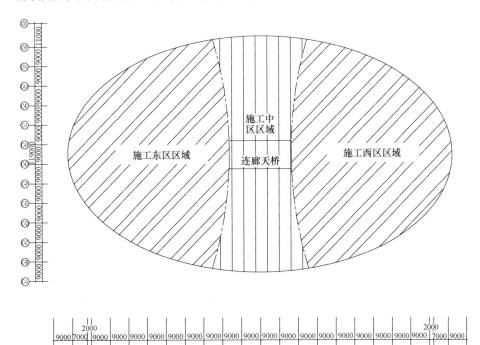

图 4-3 桁架钢屋盖三个施工区段区域划分

桁架安装是否准确定位直接影响后期预埋件上支座的焊接定位,因此,在施工中严格按照从中间向两边对称安装的原则。

测量放线工作包括对建筑物轴线的复核,预埋件偏移情况的检查,先利用原有基准点,用经纬仪确定对称轴上一排螺栓节点的位置,由此轴线向四面扩散,将所有螺栓节点的位置标记出来形成控制网。由于桁架全为钢铁材料,测量(特别是夏季)要避免在中午进行,以减少温差对施工精度的影响。施工与测量要同步进行,必须在认真检查、确保测量准确无误,并经过仔细调整后,方可进行下一步的安装,以免误差累积到下一个施工段。

在安装钢结构前需认真复核,如有偏差,须进行处理。

支撑体系的选择与优化:

　　支撑体系是施工中需要重点研究的技术之一，在选用时应考虑其安全性、稳定性、可操作性和经济性等综合因素，还要考虑与钢桁架结构安装工作的衔接问题，本技术按照扣件式方案编制。支撑体系经反复核算后采用了增加节点构造，减少立杆用量的方式，即在桁架节点处增加格构式立杆，其余立杆间距增大为1800mm，在保证安全的前提下，尽量减少周转料的投入。

　　支撑体系采用扣件式脚手架，编制相应的搭设方案，并根据图纸将桁架支撑点搭成井字架，且将每个螺栓节点下底面标高控制线标注在脚手架上，支撑点设在下弦节点处，用可调支撑调整螺栓节点标高。支撑点的位置、数量、支点高度应统一安排，支点下部应适当加固，防止桁架支点局部受力过大，支撑架下沉。立杆平面位置的确定需要结合会展会议中心地面情况和桁架节点的平面位置二者进行电脑模拟，标高则通过50线向上引测。根据工程特点采用了将三维标高分解为二维平面位置标高的方式进行控制，即在地面上将桁架节点的平面位置找出，然后通过标高引测，最后确定其三维位置，取得了良好的效果。

　　半成品运至现场，经探伤合格后吊至作业区，所有材料分类分区铺放在脚手架作业平台上，不允许集中堆放，防止产生集中荷载。

　　杆件及配件应根据编号按图纸进行安装，先安装对称轴及两侧的下弦杆件，对螺栓节点进行位置、标高修正，准确无误后安装腹杆及上弦杆件，必须将腹杆与上弦节点连接的高强度螺栓全部拧紧。再按照一节点三杆的小单元拼装方法按对称轴由一侧向另一侧安装，安装过程中应不断复核各点位置。

　　小单元安装及固定确认无误后向两侧对称推进进行大面积安装，在安装过程中要严格复检杆件尺寸及螺栓节点偏差，每三个小单元的顺向三根杆件应复查其总尺寸，并随时检查基准轴线、位置、标高及垂直偏差，且应及时校正。桁架的整体挠度可通过上弦与下弦安装，一旦发生偏差，应立即进行调整。标高用U托上下调整即可，平面位置应将千斤顶支成75°左右角度，向图纸所示位置校正，直到调整到正确位置。

拧紧螺栓用的扳手为专用工具，不可将扳手柄接长或多人用力，以免力矩过大。校正好高强度螺栓与螺栓孔安装角度后方可初拧，将高强度螺栓用扭矩扳手紧固，螺栓拧进长度为螺栓直径的 1.1 倍，随时复拧，当天终拧完毕。如遇拧不进去的现象，不可强行拧入，应及时查明原因，修理螺纹或更换零件。

安装完成并复核无误后，进行支座焊接工作，焊接顺序同安装顺序，采用围焊。

拆除工作应在所有节点都安装或焊接完成并检测合格后进行。按照南北同时向中心轴拆除的顺序，逐段进行。拆除作业由上而下逐层进行，连墙件也随脚手架逐层拆除，当脚手架拆至下部最后一根立杆的高度时，在适当位置搭设临时抛撑加固后，拆除连墙件。

4.3.3 保证措施

1. 质量保证措施

针对工程实际情况制定具有针对性的施工方案、技术交底，对技术工人进行技术培训，合理组织、安排劳动力；建立 QC 全面质量管理体系，全员参加，针对施工中的技术难点展开攻关，发现实际操作中存在的各种问题并逐一解决。

组织工程技术人员，认真阅读图纸，确定施工中的关键工序，编制施工方案，进行评定。在制作前对所有构件在钢平台上放样，实行样板引入。

钢结构制作安装过程中，严格执行自检、互检、专检制度，每道工序必须在自检达到标准后，才能进行下一道工序。检验工作落实到人，对不符合质量标准的构件及时标识返修，杜绝不合格品流入下道工序。

严格按照设计图纸施工，认真落实技术岗位责任制度和技术交底制度，技术交底要简明易懂。

制定严格的材料管理制度，工程所需的原材料、半成品，必须是合格供应商提供的优质产品，无证产品一律不得进场。材料进场按照规定进行外观检查和抽样送检。

桁架安装时，应在平台上弹出桁架杆件安装控制线和支座的轴线，于下弦节点位置设置垫木，并对其顶面进行抄平。将下弦节点搁置在垫木上之后，其标高和安装标高应一致。组装完毕撤去垫木后，桁架直接搁置到支承面上与支座焊接连接，最后对焊接接头质量进行检查。

2. 安全措施

项目管理机构职能部门和操作工人均应明确安全生产目标，做好各项防护工作，安全生产做到经常化、制度化、规范化，坚持既抓生产，又抓安全。

规定的建筑施工现场安全防护标准达标，现场有明显的安全标志牌。

距地面 2m 以上作业要有防护杆、挡脚板或安全网，架设安全网时应有专人检查、监护，发现不符合要求时，应停止使用并立即整改。

临时配电线路按规范要求敷设整齐。

配电系统实行分级配电，各类配电箱、开关箱安装和内部设置必须符合有关规定，开关电器应标明用途。各类配电箱、开关箱外观完整、牢固、防雨、防尘，箱体涂有安全色标，统一编号，箱内无杂物，停止使用时切断电源，箱门上锁。不得任意接长和调换，工具的外绝缘完好无损，维护和保管由专人负责。

所有机械设备必须做到定期检查，机械不得带病工作，非专业人员不得开启机械。

大型机械的吊装必须符合要求，并办理验收手续，经验收合格后方可使用。

3. 环保措施

成立对应的施工环境卫生管理机构，在工程施工过程中严格遵守国家和地方政府有关环境保护的法律、法规和规章，加强对工程材料、设备、废水、生产生活垃圾、弃渣的控制和治理，遵守有关防火及废弃物处理的规章制度，避免扰民，创建会展建筑内良好和谐的施工环境，随时接受相关单位的监督检查。

将施工场地和作业限制在工程建设允许的范围内，合理布置、规范围挡，做到标牌清楚、齐全，各种标识醒目，施工场地整洁、文明。

对施工中可能影响到的各种公共设施制定可靠的防止损坏和移位的措施，同时，将相关方案和要求向全体施工人员详细交底。

选用先进的环保机械。采取设立隔声墙、隔声罩等消声措施将施工噪声降低到允许值以下，同时尽可能避免夜间施工。

剩余电焊条头及时回收，统一集中处理。

4.4　穹顶钢—索膜结构安装施工技术

随着钢结构技术的飞速发展，出现了新的钢结构形式——索膜结构。钢—索膜结构的出现，就要求有相应的新安装技术为其服务。南宁国际会展中心屋顶钢结构的安装技术正是这种新的钢—索膜结构所需要的安装技术，这里便以南宁国际会展中心的穹顶钢—索膜结构安装施工技术来介绍这种新结构的安装施工技术。该技术的适用范围为大空间索膜结构的会展中心建筑。

4.4.1　工艺原理及流程

1. 工艺原理

采用多方位分段对称正装法，将穹顶钢结构沿圆周平面分为12块三角形桁架，立面分成4段正装，钢桁架分段最大质量为12t。

采用在圆形多功能大厅楼面的中间安装1台自行设计的大型无缆风绳超高塔式桅杆起重机（简称塔桅起重机）作为穹顶钢结构吊装的主要机械。将其底座下部的钢筋混凝土结构进行适当加固。另配1台25t的汽车起重机作为地面垂直运输及辅助楼面拼装和吊装的机械。

2. 工艺流程

穹顶钢桁架临时支撑架的设置→塔桅起重机的结构构造与安装施工→穹顶钢结构安装过程的模拟计算→穹顶钢结构吊装→穹顶钢结构焊接→穹顶钢结构

安装测量→穹顶钢结构临时支撑架的拆除→穹顶索膜的安装。

4.4.2 施工操作要点

1. 穹顶钢桁架临时支撑架的设置

若直接在多功能厅的楼面上设立临时钢支撑架，耗材很多（约需钢材300t），且影响钢桁架的拼装和吊装。因此，在钢桁架铰支座前后设立临时拉杆和撑杆，将第一段钢桁架固定在多功能厅顶部的混凝土框架结构上，第二、三、四段钢桁架不设置临时支撑架，使其成为悬臂结构，如图4-4所示。

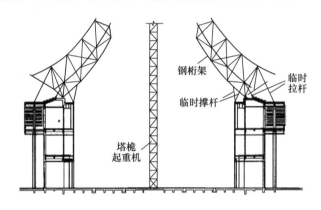

图 4-4　钢桁架安装支撑架布置示意

2. 穹顶钢结构吊装

穹顶钢桁架采用整体胎架拼装、分段吊装就位、高空安装成型的施工方法。吊装前在临时支撑架上标出控制标高及轴线位置。利用塔桅起重机将钢桁架的第一段吊装到临时支撑架顶端就位，吊装时沿圆周对称进行，以减少安装累积误差。每吊装一段，临时固定，调整、校核测量轴线和标高，准确无误后固定和焊接，再吊装腹杆并与相邻段组对焊接。第一段的12个钢桁架安装完毕并安装完钢桁架间的腹杆后，用全站仪复测主桁架的轴线、标高，确保钢桁架位置准确。第二、三、四段钢桁架的安装方法与第一段基本相同，但由于第二、三、四段钢桁架底部未设置临时支撑架，就位固定后是一个悬臂结构，因此吊装就位后应待3个主管组对焊接完毕后才能松钩。

3. 穹顶钢结构焊接

穹顶呈双曲面，管件相贯数量多，钢桁架大多数节点为 8 根圆管相贯，部分腹杆为小角度（小于 30°）焊缝，主管和腹杆的相贯焊缝均在现场焊接，且近 40% 的焊缝需在高空焊接。参照国内外规范及技术规程并结合以往的施工经验，将钢桁架相贯焊缝分为 A、B、C 三大类，分别设计坡口形式并制定相应的焊接工艺操作规程。所有对接焊缝及相贯焊缝均一次性探伤合格。

4. 穹顶钢结构安装测量

测量工作分为钢桁架铰支座定位放线测量、钢桁架铰支座安装测量、临时支撑架定位测量、第一至第四段桁架吊装前后测量等几个阶段。

穹顶钢结构的测量采用 AutoCAD 的三维建模技术，根据吊装方案中的桁架分段位置，在计算机的模型中定出分段截面，从计算机中直接获得测量点的三维坐标，测量点取在截面相互垂直的 4 条母线上。测量设备为 1 台全站仪和 2 台反射棱镜及若干 RS30T 微型反射棱镜。

每段钢桁架必须进行焊前、焊后测量。从第二单元开始，每安装完一段钢桁架，都需测量钢桁架的下沉量，以掌握桁架的挠度变化，测量点设在下一段钢桁架的顶部。

5. 穹顶钢结构临时支撑架的拆除

穹顶钢结构安装完毕后，沿圆周对称拆除第一段钢桁架支座前后的临时拉杆和撑杆，并通过全站仪观测穹顶钢桁架的变形情况。随着临时拉杆和撑杆的拆除，穹顶钢结构的受力逐渐过渡到设计状态。

6. 穹顶索膜的安装

（1）索膜吊装铺设：穹顶钢结构吊装完成后，利用穹顶钢结构上的吊点分块吊装和铺设内外索膜。先施工外索膜，后施工内索膜，内、外索膜均分为 12 大块分别铺设。

（2）索膜预应力张拉：每块索膜均分 2 级张拉完成，第一级张拉至设计预应力值的 50%，检测正常后第二级张拉至 100%。张拉采用力矩扳手控制，遵守同块索膜对称张拉的原则，扳手力矩控制值需现场试验确定并定时标定。

（3）索膜安装工艺流程：工程前期准备→钢结构索膜连接节点尺寸复测验收→施工设备进场调试→索膜附件清点排放及外索膜安装→穹顶上部内索膜安装→穹顶下部内索膜安装及角索膜安装→索膜张拉→封合盖口→清理现场，竣工验收。

4.5 大面积金属屋面安装技术

大面积金属屋面根据用材不同已经发展出了彩钢板系统、铝板系统、钛锌板系统、铝锰镁合金板系统、不锈钢板系统、铜板系统等。根据板块结构和连接方式不同，已推广使用的有立边咬合金属屋面系统、直立锁边金属屋面系统和平锁扣金属屋面系统等。

金属屋面系统具有通风循环、整体结构性防水、采用专业机械完成连接部位咬口的优点。金属板具有优异的技术性能和不污染环境的环保特性，大面积金属屋面系统在我国的应用范围会随着对建筑造型要求的不断提高而越来越广泛。

1. 立边咬合金属屋面系统

立边咬合金属屋面模型见图 4-5、图 4-6。

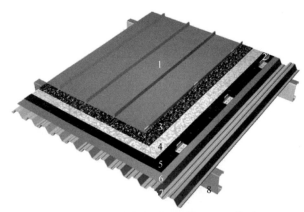

图 4-5 立边咬合金属屋面模型（经典型）

1—立边咬合屋面板；2—固定支座；3—通风降噪层；4—拔热铝箔；
5—自粘性防水卷材；6—找平钢板；7—压型钢承板；8—檩条

图 4-6　立边咬合金属屋面模型（单咬合）

1—立边咬合屋面板；2—不锈钢浮动固定座；3—不锈钢自攻螺钉；

4—收口配件；5—自粘性防水卷材；6—支撑木板

立边咬合金属屋面特点：

（1）典雅美观，整体轻盈飘逸，局部细腻流畅，适用于各种不同的建筑风格。

（2）整体结构性排水防水，立边双咬合的排水坡度需不小于 10°，立边单咬合的排水坡度需不小于 30°。

（3）科学的仿生态循环通风构造，可有效提升建筑的价值。

（4）轻巧的三维面层构件，可满足特异造型。

（5）施工安全、快速、精确。

咬合示意图见图 4-7。

2. 直立锁边金属屋面系统

直立锁边金属屋面模型见图 4-8。

直立锁边金属屋面特点：

（1）成熟的结构传力围护系统，适用于坡度不小于 1.5°的屋面或墙面，历史悠久，应用广泛。

（2）现场制作，大跨度（不大于 200m）单板可通长无驳口、无钉孔，施

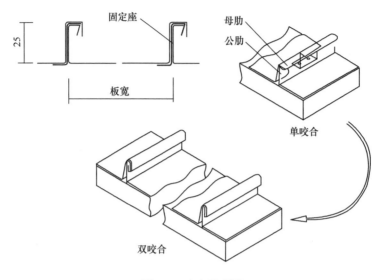

图 4-7 咬合示意图

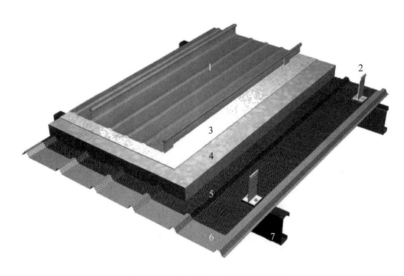

图 4-8 直立锁边金属屋面模型

1—直立锁边屋面板；2—固定支座；3—拔热铝箔；4—玻璃丝棉或挤塑泡沫板；

5—无纺布；6—压型冲孔彩钢板；7—檩条

工简单，锁合牢固。

（3）具有优异的排水防渗性能、独特的抗热膨胀性能及安全的抗风压性能。

（4）先进的二次成型（瓜皮工艺和扇弯工艺）工艺可轻松解决双曲面或单曲面的覆盖难题。

（5）高品位、低能耗，实用、美观、环保。

3. 平锁扣金属屋面系统

平锁扣金属屋面模型见图4-9。

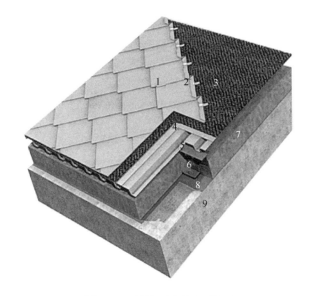

图4-9　平锁扣金属屋面模型

1—平锁扣菱形板；2—不锈钢扣件；3—通风降噪层；4—找平钢板；5—压型钢承板；

6—支撑结构；7—保温层；8—自粘性防水层；9—土建结构层

平锁扣金属屋面特点：

（1）层次感强，视觉效果突出，具有古典建筑风格。

（2）安装简便，可用扣件固定在下层支撑结构上，无须繁杂的机械安装。

（3）瓦片平锁扣系统几乎可以适合在任何形状的建筑物表面安装，实现建筑设计的几何多样化。

（4）适用于不小于30°的坡屋面、墙面，通常底层支撑系统需铺设防水材料。

（5）大面积金属屋面工作量大，档次高，构件加工以及现场安装要求都很高。

4.5.1　工艺流程

大面积金属屋面系统整体工程计划采取："先结构后屋面，先主后次，先下后上"的施工顺序进行施工。

整体施工顺序为：檩条（次檩条）→骨架（天窗、天沟、檐口等）→底板→吸声层（填于钢底板凹槽内）→镀锌钢衬檩支撑→玻璃棉（保温层、吸声层）防水层等中间层→几形镀锌钢衬檩→T形高强塑料固定支座→屋面板。

安装屋面钢檩条（次檩条）、屋面穿孔底板，无纺布铺设随屋面底板安装跟进。

安装几形镀锌钢衬檩支撑。

填塞底板波谷中的玻璃纤维吸声棉→安装隔气层。

安装硅纤板隔声层→安装吸声棉。

安装镀锌几形钢衬檩。

安装玻璃纤维棉隔声层→铺设PVC高分子防水卷材。

安装屋面板加强塑料固定座。

安装屋面板。

4.5.2　施工操作要点

1. 屋面板制作成型

（1）调试、试生产

压板机集装箱安装就位后，专职人员在开始加工前三天进行试生产，反复调整压板机的参数，直至能生产出合格的屋面板。再次调整辊轴位置，确保屋面板在压板时能在辊轴上自由行走。

（2）上料

生产板的原材料为钢卷，每卷质量约2t，由于集装箱式压板机需要安置在加工平台上，因此钢卷上料采用 25t 的汽车起重机。钢卷必须放在加工区域指定的位置，不能随意放置。

（3）屋面板压型

金属屋面板成型加工设备通过多组轧轮轧制，可制作光滑的立边板块。

一套屋面板压型机的（单板 8h）日生产能力为 3000m²。

板材长度较长，沿长度方向刚度较小，加工时在压板机出板方向安放滚轮架，在板刚压出时，抬板人员抬着板，引导板沿着辊轴往前行走，而后可由板自动沿辊轴往前行走，但施工人员必须在辊轴旁监看，以免板走辊轴下，折弯板，使板报废。当达到设计的板长时，停止压板并切割。板长度宜比设计长 100mm，便于将来板端切割和取样等（图 4-10）。

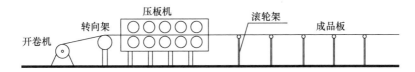

图 4-10　板材加工的工艺及质量控制

1）屋面板尺寸的确定

屋面板的长度、扇形板宽及弯弧半径、圆弧分弧分界准确与否是屋面板制作成败的关键。

屋面板应在钢结构偏差（可能存在）调整后的尺寸基础上通过三维建模，得出每块板材的加工尺寸。

屋面板在正式安装以前，可对部分已安装钢结构进行试拼装，并进行验收，认可后方可大批量制作。

压型板生产必须注意以下事项：

① 检查表面是否有污垢、损伤、变形、划痕、翘角、破损等缺陷。

② 检查所需镀层的标签与要求是否相符。

③ 符合要求的彩钢卷，用叉车装入进料机中。

④ 所有板材必须为同一供应商提供，以防板材的色泽有色差。

成型后的屋面板必须符合现行国家标准《建筑用压型钢板》GB/T 12755 的要求，允许偏差见表4-3。

成型屋面板允许偏差　　　　　　　　　　　表4-3

项目	允许偏差	检验方法
板长	0~10mm	用钢卷尺量
板宽	±8mm	用钢尺量
板高	±1mm	用样板对照
镰刀弯	不大于20mm	用钢尺、建筑用线检测

2）首块板材的确定

在板材箱式压型机运行后进行设备的调试，并进行首件产品的加工，经调试并对外形尺寸、压型后的涂装质量等情况自检合格后的板材作为首件产品上报业主、监理检验认可，并作为加工中的质量标准的一部分。

3）单块板材加工工艺流程

根据屋面板的外形尺寸，屋面板的基本工艺顺序为：

上料→定尺寸→输入参数→压制成型→出板→裁切→搬移→检验→堆放。

4）板材的压型

板材在加工前需对铝卷的打卷质量进行检查，对不齐、卷孔太大的重新打卷，并应符合铝卷上料的要求。

压制板材时，将铝卷平板伸入主机，由滚动轮进行渐变式轧制成型。全机采用电脑制作，当板材达到一定长度后，由切断装置自动切断，送入成品托架。

板材从压型机的辊轴出来后，应有足够的成品托架，以防止板材折坏。在板刚压出时，必须由抬板人员抬着板，引导板沿着辊轴往前行走，而后可由板自动沿辊轴往前行走。

当生产出的屋面板超过10m时，须由屋面抬板人员抬着向前走，直至生产出足够长的铝板，当铝板长度达到设计的板长时，停止压板并切割。

面板长度宜比设计长100mm，便于将来板端切割调整。

在设备的出板处应有足够长的空地，以保证按图纸要求生产出通长的板。

为保证屋面板的质量，要求对生产出的屋面板板宽和大小肋进行严格检查，如生产流程中发现不合格的屋面板，应停止生产。

压板机就位后，必须根据压板工艺的要求，调整好两者之间的位置和角度。

5）板材的编号

屋面板在深化设计时根据板材所在安装位置进行编号，加工时用记号笔在每块板材的两端进行板材编号记录，以便加快安装进度。

6）板材的堆放

对于工程中的一小部分较短板材，在集中加工后进行临时堆放，以便及时将压型机投入另一工程。

7）面板的加工要求

为保证屋面板的质量，要求对生产出的屋面板板宽和大小肋进行严格检查，如发现不合格的屋面板，则不能使用。

面板加工宽度允许误差：±1mm。

压板机就位调试，试生产上料出板。

面板大小肋高度允许误差：±1mm。

调试、试生产面板大小肋，卷边直径允许误差：±0.5mm。

8）质量标准及允许偏差

压型金属板施工现场制作的允许偏差应符合表4-4的要求。

压型金属板施工现场制作允许偏差　　　　　　　表4-4

项目		允许偏差	
压型板的覆盖宽度（mm）	截面高度≤70	+10	−2
	截面高度>70	+6	−2
板长（mm）		±9	
横向剪切偏差（mm）		6	
泛水板、包角板尺寸	板长（mm）	±6	
	折弯面宽度（mm）	±3	
	折弯面夹角	2°	

2. 檩条安装流程和施工方法

（1）檩条类型及连接方式（图 4-11）

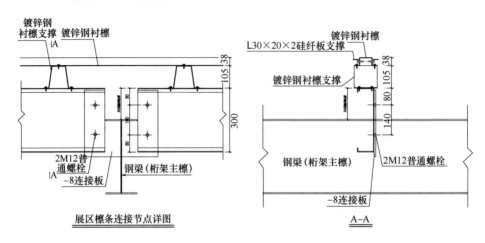

图 4-11　檩条示意图

（2）檩条吊装

檩条吊装机械选用现场汽车起重机，考虑单根檩条单独吊装费时费工，所以檩条的吊装采用软吊索进行一钩多吊，整捆起吊运至屋面，并放置稳定，然后由施工人员抬到安装位置安装。

（3）檩条固定

次檩条采用螺栓与钢梁连接，当次檩条吊装就位后，穿入螺栓，在螺栓紧固之前应检查正在安装的檩条顶面是否与已安装的相邻檩条顶面平齐，如不平齐应作调整，可以通过在此檩条下垫钢垫片调节。相邻檩条顶面高差在 2mm 以内时方可紧固螺栓。将帽檩直接焊接于 H 型钢檩条上。相邻檩条顶面平齐才能保证安装好的屋面过渡平滑。

4.5.3　保证措施

1. 质量标准及控制

（1）压型过程的保证措施

对钢卷进行材料报审、报批，并出具质量证明书等有关质保资料。

对压型设备进行调试，做好维护保养工作，使机械每天处于良好工作状态。

进行试压型，检查合格后进行批量生产。

每天压制好的屋面材料，用塑料薄膜及其他材料做好保护措施。

压好的板要用钢尺等测量仪器进行检查，保证压型板尺寸和表面质量。

（2）压型板安装过程的质量保证措施

屋面施工人员必须穿胶鞋，保证保护面层不被破坏。

对已安装好的屋面板，加强保护措施，不允许尖锐、超重的构件放在屋面上。

每次安装 10 块板，对已安装板的尺寸进行检查，对尺寸超差进行调整。

每天安装完成，对屋面进行清理，避免遗留污杂物及有损板表面涂层的材料留在屋面。

对天窗、天沟处的节点处理，严格执行安装工序，先打胶（需拉毛的要先拉毛），然后再装收口板。

1）防止变形

板材堆放场地应平整，不易受到工程运输、施工过程中的外物冲击、污染、磨损、雨水的浸泡。

按施工顺序堆放板材，同一种板材应放在一叠内，避免不同种类的叠压和翻倒板材。

板材堆放应设垫木或其他承垫材料，并使板材纵向成一倾角放置，以便雨水排出。

每天收工之前，应用干燥的防雨材料覆盖板材，以免夜晚下雨污染板材。

运输、转运、堆放、拼装、吊装过程中应防止碰撞、冲击而产生局部变形，影响构件质量。

2）禁止随意割焊

屋面防水一直是施工中的重点、难点，板材的整体性更直接关系着屋面防水质量的好坏，因此施工中应严格控制板材的切割使用。

施工过程中，任何单位或个人均不得任意割焊。凡需对构件进行割焊时，均须提出原因及割焊方案，报监理单位或设计院批准后实施。

3）防止板材及防水增强纤维硅酸钙板破坏

屋面工程既属于重点、难点工程，又属于"面子工程"，板材表面的好坏严重影响着工程的总体建筑效果。

所有构件在运输、转运、堆放、安装过程中，均需轻微动作。搬运和装卸硅酸钙板时，不得相互撞击和任意抛掷，运输工具底面必须平整，并把产品固定好，运输过程中要减少振动，防止碰撞。堆放场地应平坦、坚实，堆放高度不得超过 1.5m。搁置点、捆绑点均需加软垫。

安装就位后，土建、装饰安装单位在穿插施工中应特别注意交叉施工部位的保护，任何人均不得随意敲打构件。现场禁止随意动火。

（3）关键工序安装质量保证

为了保证金属屋面工程施工的质量，有效地落实各项施工任务，合理地安排施工过程中与其他专业单位的交叉作业，项目部制定了相应的技术措施，并在工程实施过程中予以控制。

（4）通病防范防治

1）支座节点紧固

① 出现的问题：

节点有松动或过紧现象，在外力作用下产生异常响声。

② 产生原因：

金属屋面支座节点调整后螺栓没拧紧，引起支点处螺栓松动；或多点连接支点上螺栓上得太紧及芯套太紧。

③ 解决方法：

在金属屋面钢结构安装调整完后，对所有的螺栓必须拧紧，按图纸要求采取不可拆的永久防松措施，必要时对有关节点进行焊接，避免金属屋面在三维方向可调尺寸内松动，其焊接要求按钢结构的焊接要求执行。

2）测量放线定位

① 出现的问题：安装后金属屋面与规定位置尺寸不符且超差过大。

② 产生原因：测量放线时放基准线有误差。测量放线时未消除尺寸累积误差。

③ 解决方法：

在测量放线时，按制定的放线方案，取好永久坐标点，并认真按施工图规定的轴线位置尺寸，放出基准线并选择适宜位置标定永久坐标点，以备施工过程中随时参照使用。放线测量时，注意消除累积误差，避免累积误差过大。

3）屋面底板

① 出现的问题：

下料、加工后的零件几何尺寸出现偏大或偏小，达不到设计规定尺寸要求，超出国家、行业标准的尺寸规定。

② 产生原因：原材料质量不符合要求。设备和量具达不到加工精度。

下料、加工前未进行设备和量具校正调整。下料、加工过程中，各道工序没有做好自检工作。

③ 解决方法：

严格执行原材料质量检验标准，禁用不合格的材料。

必须使用能满足加工精度要求的设备和量具，且要定期进行检查、维护及计量认证。确保开工前设备和量具校正调整合格，杜绝误差超标。

细看图纸，按要求下料、加工。每道工序都必须进行自检。做到工序精细施工的持续改进。

（5）焊接质量控制措施

焊接工作主要有屋面支撑檩条、檐口收边骨架的焊接。

1）焊接工艺

屋面支撑檩条、天窗骨架、檐口收边骨架部分焊接工艺：

① 焊接方法

采用手工电弧焊焊接。

② 焊接工艺控制

在施焊前，焊工应检查焊接部位的组装和表面清理的质量，如不符合要求时，重新修整后施焊。

焊接所用的焊条应储存在干燥、通风良好的地方，并由专人保管。

焊条在使用前，必须按产品说明书及有关工艺文件要求进行烘干处理，低氢焊焊条烘干后必须存放在保温管内，随用随取，焊条由保温筒取出到施焊的时间不宜超过 2h。不符合上述要求时，应重新烘干处理，烘干处理不宜超过 2 次。

在雨天时，禁止在露天焊接。构件焊区表面潮湿时，必须擦拭干净后方可施焊，遇四级以上大风焊接时，应采取防风措施。

不应在焊缝以外的母材上打火引弧。

定位点焊，必须由持焊工合格证的工人施焊，点焊用的焊接材料，应与正式施焊用的材料相同，点焊高度不宜超过设计焊接厚度的 2/3，点焊长度宜大于 40mm，如发现点焊有气孔或裂纹，必须清除干净后重焊。

在焊接过程中严格按焊接工艺参数及焊接顺序施焊，以控制焊后的变形。

采用多层焊接时，应将焊接表面清理干净后再继续施焊。

2）焊接工艺评定

① 焊接工艺试验

工艺试验的钢材和焊接材料与工程上所用材料相同。

在试验前根据钢材的可焊性、设计要求及以往的类似工艺焊接参数，拟定试件的焊接工艺、检验程序和质量要求。

工艺试验的焊接，由持合格证的焊工操作。

试件应根据相关规范进行焊缝的外观质量、内部质量的无损检测，采取拉伸和冷弯试验进行综合检查及评定。

② 焊接工艺评定

结合焊接工艺试验所得出的各种数据，进行焊接工艺评定，形成焊接工艺技术文件，作为施工中焊接的指导文件。

对焊接工艺试验文件、焊接工艺评定文件，在施工前上报监理、业主单位审批，在施工中严格按焊接工艺技术文件的各种焊接参数施焊。

③ 焊接质量检测标准

钢结构工程施工和钢结构焊接满足相关规范要求。

（6）防火、防腐质量检测标准

1）金属屋面防火说明

作为大型的公共建筑，消防方面关系到大众的人身安全和社会影响，屋面材料的防火性能非常重要，应严格从消防安全出发，所采用的铝合金屋面板、檩条、玻璃丝棉、屋面底板均为不燃材料，在出现火灾等意外情况时，屋面系统不会发生材料燃烧，也不会产生有毒气体，因此本屋面系统在防火方面是安全、可靠的。

2）金属屋面构件防腐工艺

① 构件防腐重点分析

材料中的屋面板为铝镁锰合金板，在正常的使用情况下其使用寿命可达40年以上，板材安装所需支座为加强塑料固定座，与屋面板的使用寿命相同。其材料在防腐性能上也可充分得到保证。

构件防腐的重点最主要的是在施工现场的节点焊接部位的防腐处理，主要表现在采用的防腐涂装处理比镀锌质量差，防腐工艺质量控制难。

② 工程的防腐工艺

a. 镀锌防腐工艺

檩条在镀锌时必须控制镀锌前表面的防锈质量，表面经抛丸除锈处理，无毛刺、焊渣、焊接飞溅及污垢。在镀锌时严格控制表面的镀锌层厚度及质量。

b. 现场节点防腐工艺

对于施工现场的焊接节点的防腐处理，在施工前应编制相应的防腐处理作业指导书并经业主、监理审批。对焊接后的节点必须经清渣、打磨处理，首层防腐油漆在打磨后的间隔时间不小于2h。

涂装时的环境温度和相对湿度应符合涂料产品说明书的要求。当说明书无要求时，室内环境温度应在5～38℃之间。相对湿度不应大于85%；如果相对湿度超过85%或者板材温度低于露点3℃，不要进行涂漆施工。

在雨、雾、雪和较大灰尘，以及表面有水有冰的条件下，不能进行涂漆施工。遇雨天或构件表面有结露现象时，不宜施工或延长施工间隔时间。

涂装时根据图纸要求选择涂料种类，涂料应有出厂的质量证明书。施工前应对涂料名称、型号、颜色进行检查，确定是否与设计规定的相符。同时，检查生产日期是否超过储存期，如超过储存期，应进行检查，质量合格仍可使用，否则严禁使用。

严格控制防腐涂层的厚度，采用干膜测厚仪进行防腐层的厚度测量。

涂装应均匀，无明显起皱、流挂，附着应良好。

涂装后4h之内不得淋雨，防止尚未固化的漆膜被雨水冲坏。

油漆涂装后，漆膜如发现有龟裂、起皱等现象时应将漆膜刮除或以砂纸研磨后，重新补漆。防腐层涂装后，如发现有气泡、凹陷洞孔、剥离生锈或针孔锈等现象时，应将漆膜刮除并经表面处理后，再按规定涂装时间隔层予以补漆。

（7）屋面防水节点的处理质量保证措施

屋面泛水板安装及收边，直接影响整个屋面的防水功能。在各个防水节点施工前必须进行相应的喷水试验，构造做法由业主、设计、监理确认。

在其他位置的防水处理及泛水板施工工艺：

1）泛水板安装思路为不直接与屋面板固定，采用泛水板定位片与屋面板连接后，与泛水板咬合，在使用过程中可以整体自由伸缩，不造成破坏。

2）屋面板端头用折弯工具将屋面板上弯，堵头安装后将泛水板定位片用铆钉安装在堵头位置，再安装泛水板。

3）泛水板与泛水板搭接处应使用密封胶进行密封，在固定前将泛水板翻起，用铆钉进行固定。

4）应选择合适的密封胶，要防止过早硫化，导致表面粘连较差，在密封胶被挤压后，要尽快处理。

（8）屋面的安全固定措施及恶劣天气下的应急加固措施

1）材料堆放的防风措施

合理安排工序，减少屋面材料的堆放。

在施工过程中除合理安排施工工序外，还可先安装屋面底板，之后其他层同时跟进；

当时用的材料当时运至屋面当时施工完毕，屋面材料不得在临边位置堆放。

2）安装过程中的防风措施

① 当日最后一块屋面板固定

当日安装的屋面板当日锁边，在当日安装的最后一块屋面板采用安装边缘连接件及相关配件固定。

② 施工时玻璃丝棉材料的防风措施

当时安装的玻璃棉当日由屋面板覆盖，不可外露，如有紧急情况，则采用安全网覆盖。

③ 屋面板安装后的防风措施

屋面板施工后，因整个建筑物还未封闭，安装后的屋面板处于迎风压力及背风吸力环境下，容易在强风时受破坏。屋面板上的加固：屋面板在其安装位置可间隔一定的距离设防风夹，特别是只施工单层屋面板时，应在施工时加密设置防风夹，在防风夹位置的固定座连接加固。

2. 安全措施

（1）工人安全防护

必须系好安全带，挂底用，且必须系在固定物上。临边作业、2m 以上高空作业必须使用安全带。

（2）必须佩戴安全帽

进入施工场地进行施工作业时，必须佩戴安全帽，违者不得进入施工现场。

必须佩戴安全防护用品。进行屋面系统安装施工时，为防止打滑，必须穿劳保鞋；进行带电作业时，为防止触电，必须佩戴绝缘手套。

进行可能导致眼睛受到伤害的工作时，必须佩戴护目镜。

必须严格按照安全规程上岗操作，施工作业，长发必须盘入安全帽内；上岗操作时，严禁酒后作业。违者严肃处理。

（3）施工现场安全生产交底

贯彻执行劳动保护、安全生产、消防工作的各类法规、条例、规定，遵守工地的安全生产制度和规定。

施工负责人必须对职工进行安全生产教育，提高职工的安全生产思想意识及自我保护能力，自觉遵守安全纪律、安全生产制度，服从安全生产管理。

所有的施工及管理人员必须严格遵守安全生产纪律，正确穿、戴和使用好劳动防护用品。

认真贯彻执行工地分部分项、工种及施工技术交底要求。施工负责人必须检查具体施工人员的落实情况，并经常性督促、指导，确保施工安全。

施工负责人应对所属施工及生活区域的施工安全质量、防火、治安、生活卫生等各方面全面负责。

按规定做好"三上岗""一讲评"活动，即做好上岗交底、上岗检查、上岗记录及周安全评比活动，定期检查工地安全活动、安全防火、生活卫生，做好检查活动的有关记录。

对施工区域、作业环境、操作设施设备、工具用具等必须认真检查，发现问题和隐患，立即停止施工并落实整改，确认安全后方准施工。

机械设备、脚手架等设施，使用前须经有关单位按规定验收，并落实好验收及交付使用的书面手续。租赁的大型机械设备现场组装，经验收、负荷试验及有关单位颁发准用证后方可使用，严禁未经验收投入使用。

对于施工现场的脚手架、设施、设备的各种安全设施、安全标志和警告牌等不得擅自拆除、变动，必须经指定负责人及安全管理员的同意，并采取必要、可靠的安全措施后方能拆除。

特殊工种的操作人员必须按规定经有关部门培训，考核合格后持有效证件上岗作业。起重吊装人员应遵守十不吊规定，严禁不懂电气、机械的人员擅自操作使用电气、机械设备。

必须严格执行各类防火防爆制度，易燃易爆场所严禁吸烟及动用明火，消防器材不准挪作他用。电焊、气割作业应按规定办理动火审批手续，严格遵守十不烧规定，严禁使用电炉。冬期作业如必须采用明火加热的防冻措施时，应取得工地防火主管人员同意。施工现场配备有一定数量的干粉灭火器，落实防火、防中毒措施，并指派专人值班。

工地电气设备，在使用前应先进行检查，如不符合安全使用规定时应及时整改，整改合格后方准使用，严禁擅自乱拖乱拉私接电气线路。

未经交底人员一律不准上岗。

（4）现场安全生产技术措施

要在职工中牢牢树立起安全第一的思想，做到每天班前教育，班前总结，班前检查，严格执行安全生产三级教育。

进入施工现场必须戴安全帽，2m以上高空作业必须佩戴安全带。

吊装前起重指挥要仔细检查吊具是否符合规格要求，是否有损伤，所有起重指挥及操作人员必须持证上岗。

高空操作人员应符合施工体质要求，开工前检查身体。

高空作业人员应佩戴工具袋，工具应放在工具袋中，不得放在钢梁或易失落的地方。所有手工工具（如手锤、扳手、撬棍），应穿上绳子套在安全带或手腕上，防止失落伤及他人。

高空作业人员严禁带病作业，施工现场禁止酒后作业，高温天气做好防暑降温工作。

氧气、乙炔、油漆等易爆、易燃物品，应妥善保管，严禁在明火附近作业，严禁吸烟。焊接平台上应做好防火措施，防止火花飞溅。

（5）用电安全

安全用电。现场用电应有定期检查制度，对重点用电设备每天巡回检查，每天下班后一定要关闸。所有电缆、用电设备的拆除、现场照明均由专业电工担任，要使用的电动工具，必须安装漏电保护器，值班电工要经常检查、维护用电线路及机具，保证用电安全万无一失。

砂轮机、电钻等移动式设备应加装漏电保护开关。电焊机、干燥机等发热设备应放在通风良好、干燥的地方，焊钳、焊把线应绝缘良好，不能有裸露接头。使用电动工具（手电钻、手电锯、圆盘锯）前检查安全装置是否完好，运转是否正常，有无漏电保护，严格按操作规程作业。

电焊机上应设防雨盖，下设防潮垫，一、二次电源接头处要有防护装置，二次线使用接线柱，且长度不超过30m，一次电源采用橡胶套电缆或穿塑料软管，长度不大于3m，焊接线必须采用铜芯橡皮绝缘导线。

配电柜和用电设备应有防雨雪的措施。配电箱、电焊机等固定式设备外壳应按规程接地，防止触电。配电箱、开关箱应装设在干燥、通风及常温场所，不得装设在易受外来物体撞击、强烈振动、液体浸溅及热源烘烤的场所。

禁止多台用电设备共用一个电源开关，开关箱必须实行"一机一闸一漏保"制，熔丝不得用其他金属代替，且开关箱上锁编号，由专人负责。

现场用电要按计划进行，不得随意乱拉乱接，超负荷用电，三相要均衡搭接。配电作业人员须持证上岗，非专业人员不得从事电力作业。钢结构安装现场都是能导电的构件，主电缆要埋入地下，一次线要架空，不得放置在地上。

平台上的压板机等设备，电线沿脚手架体搭设时，其与脚手架钢管必须用绝缘物质进行隔离，严禁沿脚手架体漏电现象的产生。

3. 环保措施

施工队伍进场前，对施工人员进行进场前培训，教育施工人员对其他工序的成品必须进行保护。

严格保护土建钢结构单位所有标石、标桩、水准点和参考点，如必须移动标石或标桩，应向对方单位提出报告，得到批准方可进行。

严格保护施工场地内其他分部工程的成品，严禁破坏、移动。

为保护钢板表面，施工人员必须用干燥和清洁的手套来触摸钢板。

施工人员上屋面操作时，必须穿软性平底鞋，不得穿鞋底带有条状交通纹路的鞋，这种鞋容易嵌入异物，划伤成品。在上屋面前，必须对施工人员的鞋面进行检查，并做好清洁工作。

尽量避免在成品屋面上切割钢板。如果切割则必须使用垫板，以防止损坏屋面。

安装过程中，在屋面上或邻近地区会留下各种金属异物、钻孔产生的金属碎屑等，必须在施工过程中边施工，边派专人清除，每天施工结束后，必须派专人对屋面进行清扫工作，清除各种废弃材料。

为使成品板材在生产、加工和运输过程中得到暂时的保护，各种压型钢板在生产时会覆上一层塑料膜，可使屋面得到适当的保护。

4.6　金属屋面节点防水施工技术

大面积的金属屋面是一个系统工程，应该统筹考虑，对一些关键的位置进行处理，以达到事半功倍的效果。金属屋面系统的施工重点、关键点在于屋面的防水施工，施工过程中必须确保屋面完工后不漏水，同时保证屋面施工的感观质量。

可用于各种大型展览中心或其他公共建筑金属屋面防水施工。

4.6.1　施工操作要点

金属屋面翻新施工时应注意施工环境条件，一般施工温度应在0℃以上，最佳施工温度为10～30℃，夏季高温时应避开中午高温段，合理安排好施工时间。

雨、雪、雾、大风五级以上天气时严禁施工，在基层潮湿的情况下，也不能施工（图4-12）。

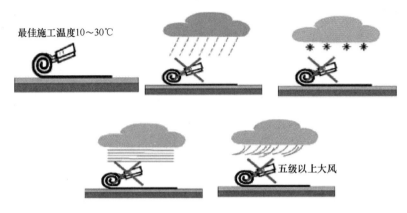

最佳施工温度10～30℃

五级以上大风

图 4-12　施工环境

1. 施工前的准备工作

金属屋面状况的检查。

根据工地现场情况和确定的施工方案，制定具体的屋面防水施工工艺。

准备好施工用材料，查看配套材料是否符合要求，是否在有效期内，如超过使用期限，应进行检验，合格后方可使用。

2. 保温层的施工要点

清理金属屋面上的杂物（图 4-13）。

沿金属屋面的坡度方向，将防火保护板铺设在金属屋面上，板与板之间设联结。

从屋面较低的角落开始，逐步向上铺设保温板，节点部位用手持钢锯将保温板切割成所需的形状进行铺设，再用固定螺钉将保温板和防火板一起固定在金属屋面上（图 4-14、图 4-15）。

图 4-13　金属屋面板表面清理

保温板上铺设防护板，用固定螺钉将保温板、防火板和防护板三者一起固定在金属屋面上。不铺设防护板也可以。

在铺设保温板时，应防止溶剂、增塑剂和热源等的侵害。

图 4-14　保温板的切割

图 4-15　保温板的铺设

3. 防水层的施工要点

（1）防水层铺设要求

1）片材的铺设方向应根据屋面坡度而定，屋面坡度小于 3‰时，片材宜平行于屋脊方向铺设，屋面坡度大于 3‰或屋面受振动时，片材应垂直于屋脊方向铺设。

2）片材搭接方向：平行于屋脊的搭接缝应顺流水方向搭接，垂直于屋脊的搭接缝应顺主导风向搭接。

3）天沟、檐沟片材应顺向铺设，且沟内尽量避免片材长边搭接。

4）无保温层的屋面，板端缝应采用空铺附加层或片材直接空铺处理，空铺宽度宜为 200～300mm。

（2）防水层铺设的一般程序

1）在同一标高作业面上，应以"先难后易"的原则，先做檐头、内外角（阴阳角）、排水口、集水沟、变形缝等，然后再做大面积铺设，在大面积铺设时，应按顺水方向先铺设低处，后铺设高处，最后作立面、天窗等突出部位的铺设。

2）在同一建筑防水工程中，如有高低跨两个部分，应按"先高后低"的顺序进行施工，即先作高跨建筑施工，后再作低跨建筑施工。

（3）防水层的施工

1）防水片材的铺设：

① 按铺设方向将片材退卷展开于被施工部位，停放半小时以松弛片材的应力。

② 将基层胶粘剂（S801-3 或 S703-3）的容器打开，人工搅拌均匀后将适量的胶倒入涂胶桶中，剩余胶粘剂的包装桶应密闭。

③ 按施工标记线将片材沿长边方向的一端对折于另一端，对折要平伏，无折皱，然后用长柄滚刷蘸取胶粘剂，先涂于片材表面，再涂抹于基层表面（也可用刮板涂刷）。注意：在涂布基层胶时，片材一端搭接部位的 80mm 处不涂胶（图 4-16），基层胶参考用量为 300g/m²。

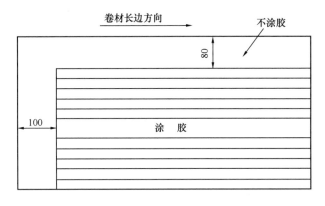

图 4-16　卷材铺设示意

④ 待片材及基层上的胶粘剂干燥至手指触摸基本不粘手时，将片材沿标线均匀地铺贴在基层上，并再将片材的另一端折于铺贴好的一端，以同样方法铺贴。每端片材铺贴好后，用回丝均匀推抹，赶出气泡，把片材压平、压实。

⑤ 在铺贴时应自然铺贴，力求铺贴一次成功，不得有皱褶，在施工中绝不可用力猛拉或不均衡用力施于任何角度上。

⑥ 一幅片材铺贴好后，应做好下一幅片材铺贴标记线，作为一幅片材铺贴的正确位置（片材搭接宽度：胶粘剂法长边为 80mm，短边为 80mm；胶粘带法长边为 50mm，短边为 50mm），按相同的铺贴方法，完成整个防水工程。

⑦ 平面与立面相连的部位，应先铺贴平面，后由下向上铺贴，使片材紧贴阴角，不得有空鼓现象，要防止片材在阴阳角处出现接缝，接缝必须离阴阳角中心 200mm 以上。

⑧ 每铺贴完一幅片材应立即用干净、松软的长柄滚刷从片材一端开始沿短边

方向顺序用力压滚一遍，以彻底排出片材与基层之间的空气，使基层粘结牢固。

⑨ 相邻两幅片材的短边搭接缝应相互错开，距离 150mm 以上，不允许在同一直线上。片材双层铺贴时，上下两层及相邻两幅片材的长边搭接缝，应错开 1/3 幅距离，上下两层片材不应相互垂直交叉铺贴。

2）防水片材接缝粘贴：

① 先将搭接部位的片材用基层胶粘剂（S801-3 或 S703-3）作临时固定（图 4-17），并用专用清洗剂擦洗接缝的两面，充分干燥。

② 胶粘剂法：将搭接胶粘剂（S801-2 或 S703-2）充分搅拌均匀，

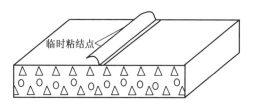

图 4-17　接缝粘贴示意

然后用漆刷将搭接胶粘剂均匀地涂刷于接缝的两粘合面上，待胶粘剂干燥至手指触摸不粘手时，粘合并用小压辊按顺序来回滚压，一边排出空气，一边压实，接缝胶参考用量为 60g/m²。胶粘带法：将胶粘带贴于卷材接缝一面，再揭去隔离纸，将接缝另一面贴合，最后用小压辊按顺序来回滚压。

③ 用干净回纱清除接缝沿口，然后在接缝沿口上进行密封处理，在封口密封时要求涂嵌均匀。注意：每天在施工结束前必须把接缝口封好（图 4-18）。

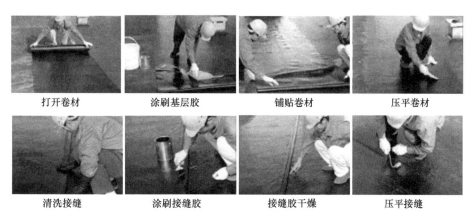

| 打开卷材 | 涂刷基层胶 | 铺贴卷材 | 压平卷材 |
| 清洗接缝 | 涂刷接缝胶 | 接缝胶干燥 | 压平接缝 |

图 4-18　防水卷材安装过程示意图

4. 细部节点施工要求

（1）排气管的防水构造

1）对排气管部位应清除干净，表面应平整、光滑。并做好附加层。

2）在管壁高 150mm 处粘上一圈 3cm 宽的密封带，再取一块比排气管周长尺寸大 100mm、宽 250mm 的片材，涂上基层胶粘剂（S801-3 或 S703-3），待干燥至手指触摸不粘手时可粘贴，管壁粘结高度为 150mm，管根片材沿四周剪成均匀的深度 100mm 条块状与管根牢固粘合，见图 4-19。

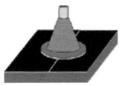

图 4-19　排气管防水示意

3）穿出屋面管道的防水构造：做好大面防水层后，用管根套套至管根部位，在上下套口四周用密封胶密封。

（2）排水口的防水构造

1）排水口部位应清除干净，表面平整、光滑，并做好附加层。

2）取一块大于排水口周长 100mm，宽 250mm 的片材，在粘结面上涂上基层胶（S801-3 或 S703-3），干燥至手指触摸不粘时，把片材做成卷筒状，伸入孔内约 150mm，外露 100mm，外露部分裁剪成条状，用手按压，确保其与孔壁和基面牢固粘合。做整体防水层时，防水层应延伸至排水孔内。

3）女儿墙、天沟和檐沟的防水构造。女儿墙、天沟和檐沟等部位片材收头处先用密封胶条粘贴于基层上，再贴上片材并用金属压顶条固定，最后用密封膏封压顶条上沿口及钉眼处（图 4-20）。

4）阴、阳角的防水构造。用自硫化橡胶泛水粘贴在阴、阳角部位，四周沿口用密封膏密封。

（3）安装封边泛水

泛水分为两种，一种是压在屋面板下面的，称为底泛水；一种是压在屋面

图 4-20　女儿墙、天沟、檐沟防水构造

板上面的，称为面泛水。

底泛水安装：天沟两侧的泛水为底泛水，必须在屋面板安装前安装。底泛水的搭接长度、铆钉数量和位置严格按设计要求施工。泛水搭接前先用干布擦拭泛水搭接处，目的是除去水和灰尘，保证硅胶的可靠粘结。要求打出的硅胶均匀，连续，厚度合适。

面泛水安装：屋面四周的收边及屋脊泛水均为面泛水，其施工方法与底泛水相同，但要在屋面泛水安装的同时安装泡沫密封条。要求密封条不能歪斜，与屋面板和泛水结合紧密。

侧向收边：共分若干组，每组用拉钉及耐候胶做好封边及泛水位，应确保每条收口之拉钉紧贴，密封胶饱满，及每件叠口之方向正确。

打胶：这里的打胶是指泛水之间的密封胶。打胶前要清理接口处的灰尘和其他污物及水分，并在要打胶的区域两侧适当位置贴上胶带，对于有夹角的部位，胶打完后用直径适合的圆头物体将胶刮一遍，使胶变得更均匀、密实和美观。打完胶后应立即将胶带撕去，避免胶干燥后与胶带粘结在一起。

（4）天沟安装

天沟材料采用 3mm 不锈钢，两段天沟之间的连接方式为焊接，考虑不锈钢热胀冷缩系数较大，每 60m 布置一条天沟伸缩缝。

天沟挂带安装：安装前检查天沟挂带有无变形，按设计的间距固定天沟挂带，并检查挂带的各个边是否平齐。

天沟对接、焊接：天沟对接前将切割口打磨干净，对接时要注意对缝间隙不能超过1mm，先每隔10cm点焊，确认满足要求后方可焊接。焊条型号根据母材确定，但直径采用2.5mm。焊缝一遍成型，待冷却后将药皮除去，天沟坡度与檐口坡度要保持一致，安装时只能在其设计位置组对焊接，而不能在地面扩大拼装。

天沟伸缩缝的安装：当天沟安装到60m时，需要布置一条天沟伸缩缝。具体采用的办法是在天沟焊接的时候，在天沟的底部焊接一条褶皱，使天沟依靠褶皱拥有一段伸缩的空间。

开落水孔：安装好一段天沟后，先要在设计的落水孔位置中部钻几个孔，避免天沟存水，对施工造成影响。天沟对应部位的板安装好后，必须及时开落水孔。正式落水孔用空心钻开孔。

天沟节点见图4-21。

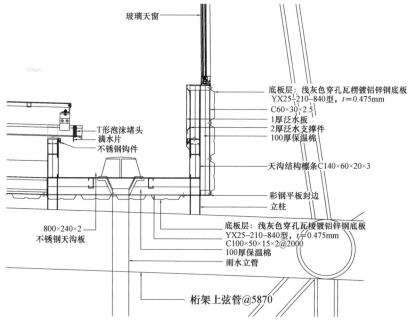

玻璃天窗

底板层：浅灰色穿孔瓦楞镀铝锌钢底板
YX25-210-840型，$t=0.475$mm
C60×30×2.5
1厚泛水板
2厚泛水支撑件
100厚保温棉

天沟结构檩条C140×60×20×3

彩钢平板封边
立柱

T形泡沫堵头
滴水片
不锈钢钩件

800×240×2
不锈钢天沟板

底板层：浅灰色穿孔瓦楞镀铝锌钢底板
YX25-210-840型，$t=0.475$mm
C100×50×15×2@2000
100厚保温棉
雨水立管

桁架上弦管@5870

图4-21　天沟节点图

（5）屋面洞口处理

针对上人维修穿出洞口进行重点处理。

当洞口较小时，可以直接采用焊接或铆接的方法直接将泛水板固定。当洞口较大或材料不一致时，需要考虑金属热胀冷缩的问题。因为洞口较大时，相对长度的伸缩量也会加大，有可能出现焊缝或铆接点被拉裂的情况。材料不一致时，会出现材料的伸缩系数不同，同样会将焊缝或铆接点拉裂。

4.6.2 保证措施

1. 防水工程质量要求

屋面坡度必须符合规范或设计要求，排水系统应畅通，屋面不得有渗漏和积水现象。检验可在雨后或持续淋水 2h 后进行，有条件作蓄水的屋面宜作 24h 蓄水检查。

防水层的泛水节点处理，落水口、突出屋面设施与防水层的接缝处应封固严实，不允许有开缝、翘边。检验可用目测法检查。

片材的铺贴方法、搭接顺序和搭接宽度，应符合规定要求，接缝部位应粘结牢固，防水层与基层粘结牢固，无大于 $0.05m^2$ 的空鼓气泡、皱褶等缺陷。可采用目测和钢卷尺测量进行检查。

防水片材、配套材料的质量，应符合产品标准和设计要求，并应出具质量证明文件。

防水施工自检：屋面防水工程完工后，防水施工人员应先对防水层进行自检，发现问题应及时整改完善。防水工程竣工验收应在下一道工序施工前进行，竣工验收前应将屋面上所有剩余材料和垃圾等清扫干净。

收边泛水搭接检查：收边的搭接方法和搭接质量直接影响节点的防水，应对重要的节点进行认真检查，如发现搭接顺序错误或搭接不严密，须返工或补天沟防水检测。在有较大降雨时，用望远镜从室内对天沟底部进行观察、检校，检查是否有渗水和漏水现象。

玻璃窗防水检测：在较大降雨时，用望远镜从室内对天窗底部进行观察，重点观察玻璃窗的四周，检查是否有渗水和漏水。

2. 安全及环保措施

施工人员应经过必要的业务培训，有专业上岗证后方可上岗操作，并应掌握应知应会的施工安全技术，施工前应穿戴好工作服，方可进行施工操作。

施工现场以及存放材料的库房，必须通风良好，严禁烟火，有相应的防火措施，地下施工时要有通风、防毒、防爆装置和配备必需的灭火设备等消防器材，施工现场不准混放易燃、易爆物品。

在有坡度的屋面以及挑檐等危险部位进行防水施工作业时，操作人员必须佩戴安全带，在有高低跨或立体交叉作业时，必须戴安全帽。

现场施工人员必须穿平底鞋，以免损伤防水层。

在施工中，有关安全技术，如高空作业、垂直运输、卫生防护等应严格按照国家有关规定执行。

建立安全生产管理组织机构，健全安全生产责任制，制定安全生产管理制度。

高处作业时，工具应装入工具袋中，随取随用，拆下的小件材料不得随意往下抛掷。上下传递工具应用绳索绑好递送。

预防高空坠落措施：系好安全带，施工区域下方布设水平兜网，随施工区域推进周转设置。

通常屋脊或屋檐位置是易滑倒的地方，因此要提醒工人注意该处的安全性。边缘的最后一块板、未锁边固定的板以及采光板皆不可以上人。

在屋面板下边缘的危险区域设置安全警示标志，高空作业等作业环境设置安全防护用品佩戴标志。

用电设备要有各自专用的电源控制，必须严格实行"一机一闸一漏一箱"制，严禁一闸多机及超负荷运行。

4.7 大面积屋面虹吸排水系统施工技术

本施工技术按大型屋面普遍采用虹吸雨水排放的实际情况，在全面运用虹吸理论的基础上，不断地积累施工经验，结合工程实际，根据建设工程中各类建筑的特点，各种材料的应用特性，通过分析计算，以产生最有效、最恰当的工程运用方案，设计了从施工准备至管道系统灌水试验的整个工艺流程，阐述了各个施工过程的操作要点，可以达到符合质量标准和安全运行的目的。本技术对施工质量、安全生产有较好的促进作用，并在工程中得到成功应用，有较好的经济效益。

虹吸雨水排放系统相对于重力流排水系统来说，系统设计计算精度较高，能充分利用雨水的动能，具有用料省、水平管道不需要坡度、所需安装空间小等优点，作为大型屋面雨水排放系统得到广泛应用。

虹吸雨水排放系统经与机电各专业施工员协调、综合，其雨水斗布置灵活，管道管径小，走向灵活，空间位置不会与大口径管道、风管、桥架发生冲突，能保证操作与维修空间，定位正确，不会返工。

对建筑结构工种无特殊要求，有效地降低了建筑装修造价，易隐蔽或与建筑产生一致效果，有利于美观。管道采用高密度聚乙烯（HDPE）管，经济合理。

适当布置管道系统的固定件，正确安装吊架和确定固定点，管道能随温度变化自由伸缩，不受额外产生的轴向应力影响，确保整个系统的安全运行。

管道排水可实现满管流，排水畅通，节省雨水斗、立管、横管和雨水检查井等。节约建筑空间，使建筑外形美观。

适用于公共建筑、厂房和库房的大型屋面（面积大于 $2000\mathrm{m}^2$），特别是适合会展类建筑的雨水排放。

4.7.1　工艺原理及流程

1. 工艺原理

虹吸式屋面雨水排水系统依靠虹吸式雨水斗在天沟水深达到一定深度时实现气水分离，使整个管道呈现满流，在雨水连续流过雨水悬吊管转入雨水立管跌落时，产生最大负压而形成抽吸作用，从而进入虹吸状态，实现迅速、高效的排水功能。该系统由虹吸式雨水斗、管材（悬吊管、立管、排出管）、管件、固定件组成。

2. 工艺流程（图 4-22）

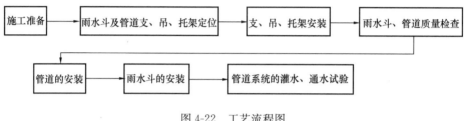

图 4-22　工艺流程图

4.7.2　施工操作要点

1. 施工准备

熟悉施工图和相关技术资料，掌握现行施工规范和相关质量评定标准的有关规定。

参加施工图纸和相关技术文件交底设计会议，发现设计中存在的问题并提出相关的解决方案或施工工艺，得到设计及顾问单位审批认可后，方可施工。

施工前应了解建筑的结构，并根据设计图和施工方案制定与土建工种和其他工种的配合措施。综合考虑管道周围风管、消防管道、喷淋头、电缆桥架、灯具与管道之间的相对位置，保证管道与它们的操作及维修空间。施工人员上岗前应接受虹吸式屋面雨水排放系统安装的技术培训。

2. 雨水斗、管道及支、吊、托架定位

在屋面结构施工时，须配合土建工程预留符合雨水斗安装要求的预留孔。或在土建结构施工完毕后，防水施工前，在现场进行定位开孔。虹吸雨水斗应设置在每个汇水区域屋面或天沟的最低点，每个汇水区域的雨水斗数量不宜少于 2 个，2 个雨水斗之间的间距不宜大于 20m，设置在裙房屋面上的虹吸式雨水斗距裙房与塔楼交界处的距离不应小于 1m，且不应大于 10m。

在解决了管道与周围管、线路之间的冲突后，应在土建结构完成后到施工现场按最近路径、最少弯曲的原则进行管道的定位。

　　高密度聚乙烯（HDPE）悬吊管宜采用方形钢导管进行固定。方形钢导管应沿高密度聚乙烯（HDPE）悬吊管悬挂在建筑承重结构上，高密度聚乙烯（HDPE）悬吊管则宜采用导向管卡和锚固管卡连接在方形导管上。方形钢导管悬挂点间距和导向管卡、锚固管卡的设置间距，应符合表 4-5 和表 4-6 的规定。

横管固定件最大间距（mm）　　　　　　　　　　表 4-5

HDPE 管外径	悬挂点间距 AA	锚固管卡间距 FA	导向管卡间距 RA（非保温管）	导向管卡间距 RA（保温管）
40	2500	5000	800	1000
50	2500	5000	800	1200
56	2500	5000	800	1200
63	2500	5000	800	1200
75	2500	5000	800	1200
90	2500	5000	800	1200
110	2500	5000	1100	1600
125	2500	5000	1200	1800
160	2500	5000	1600	2400
200	2500	5000	2000	3000

方形钢导管尺寸（mm）　　　　　　　　　　表 4-6

HDPE 管外径	方形钢导管尺寸 $A \times B$
40～200	30×30
250～315	40×60

　　高密度聚乙烯（HDPE）悬吊管的锚固管卡宜安装在管道的端部和末端，以及 Y 形支管的每个方向上，2 个锚固管卡之间的距离不应大于 5m。当雨水

斗与立管之间的悬吊管长度超过 1m 时，应安装带有锚固管卡的固定件。当高密度聚乙烯（HDPE）悬吊管的管径大于 200mm 时，在每个固定点上应使用 2 个锚固管卡。

高密度聚乙烯（HDPE）管立管的锚固管卡间距不应大于 5m，导向管卡间距不应大于 15 倍管径（图 4-23～图 4-25）。

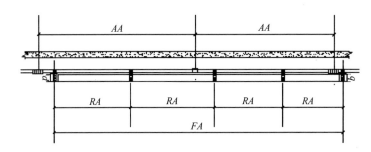

图 4-23　DN40～DN200 的 HDPE 横管固定装置

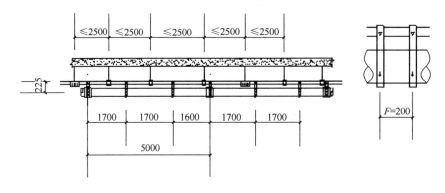

图 4-24　DN250～DN315 的 HDPE 管导向管卡布置

当虹吸式雨水斗的下端与悬吊管距离不小于 750mm 时，在方形钢导管上或悬吊管上应增加 2 个侧向管卡。

在雨水立管的底部弯管处应设支墩或采取牢固的固定措施。

3. 支、吊、托架安装

管道的一般通用支、吊、托架，生产厂家都会配套供应。特殊场合的非标准支吊托架，在实际工程中施工单位会自己制造。

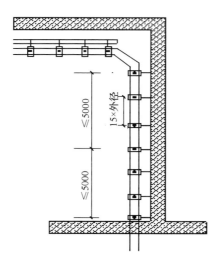

图 4-25　HDPE 管垂直固定装置

支吊托架安装前，应进行外观检查，外形尺寸及形式必须符合设计要求，不得有漏焊或焊接裂纹等现象。

管道支、吊、托架应固定在承重结构上，位置应正确，埋设应牢固。不得随意焊接在金属屋架上和设备上。

由于现场条件所限，水平悬吊管与风管交叉处尺寸无法满足方钢型悬吊架，而现场又只允许活动吊架，但考虑虹吸系统的冲击较大，可以在每间隔6m 的位置加角钢型固定吊架来固定，以减轻在产生虹吸时管道的抖动情况。

4. 雨水斗、管道质量检查

雨水斗、管材、管件等材料的规格、型号和性能应符合设计规定，并有质量合格证明文件，产品说明书（包括采用的原材料、管材的纵向回缩率），管材除能承受正压外，还应能承受负压，厂家应提供管材耐正负压的检测报告，并进行评价。虹吸式雨水斗必须有检测合格的相关检测报告及其构造与安装说明书。

管材、管件等材料的表面应完好无损，无裂纹、凹陷、分层和气泡等缺陷，内表面也应光滑平整，壁厚应均匀、无划痕，外壁颜色应为黑色，且具有抗紫外线的能力。管材外壁应标注供应厂家名称、产品型号、尺寸、生产日期、原材料型号、产品标准等。

管材端口必须平整，且端面应垂直于管材的轴线。

5. 管道的安装

管道安装原则：先安装大管道，后安装小管道。由于 HDPE 管道的柔性好，重量轻，所以一般先预制，后连接安装。连接时，尽量利用对口焊接法，保证密封性能达到虹吸原理要求。

高密度聚乙烯（HDPE）管应采用热熔对焊连接或电熔连接。与金属管道连接时，一般采用法兰连接。法兰连接时，螺栓应预先均匀拧紧，待 8h 后再重新紧固。

高密度聚乙烯（HDPE）管应采用管道切割机切割，切口应垂直于管中心。

高密度聚乙烯（HDPE）预制管道段不宜超过 10m，预制管段之间的连接应采用电熔、热熔对焊或法兰连接。管道预制应考虑运输和安装方便，预制组合件应有足够的刚性，预制完毕的管道，应将内部清理干净，封闭管口。管段的预制、留有调整活口的编号与施工图上编号相对应。

在悬吊的高密度聚乙烯（HDPE）水平管上宜使用电熔连接，且与固定件配合安装。

高密度聚乙烯（HDPE）管道穿过墙壁、楼板或有防火要求的部位时，应按设计要求设置阻火圈、防火胶带或防火套管。

管道安装工作如有间断，应及时封闭敞开的管口。管道连接时，不得用强力对口、加热、加偏垫或多层垫来消除接口时的缺陷。

埋地雨水管在穿入检查井时，与井壁接触的管端部位应涂刷两道胶粘剂，并滚上粗砂，然后用水泥砂浆砌入，防止漏水。

6. 雨水斗的安装

雨水斗的进水口应水平安装。

雨水斗的进水口高度应保证天沟内的雨水能通过雨水斗排净。在同一高度的屋面上时，处于同一个汇流区域的每个雨水斗安装高度须保持一致，确保每个雨水斗都能同时保证虹吸满管压力流状态，以防止因某个雨水斗处于非虹吸满管压力流状态而导致整个系统失效。

雨水斗应按产品说明书的要求和顺序进行安装。

雨水斗安装时，应在屋面防水施工完成、确认雨水管道畅通、清除流入短管内的密封膏后，再安装整流器、导流罩等部件。

雨水斗安装后，其边缘与屋面相连处应严密不漏。

7. 管道系统灌水、通水试验

局部系统灌水试验：当隐蔽工程的管路安装完成后，排水管道要作单体灌水试验。

（1）先对整个系统进行检查，有无支吊架固定不牢靠现象或焊口未焊、管道末端是否用管堵堵好。

（2）待检查完毕后，打开试验的排水口，然后从上面管口向管内充水，检查此系统的每道焊口连接点有无漏水，1h后检查液面有无下降、液位不下降、接口无渗漏为合格。

雨水斗安装完成后，堵住所有雨水斗，向屋顶或天沟内灌水，水位应淹没雨水斗，持续 1h 后，雨水斗周围屋面应无渗漏现象。

整个系统完成后可进行以下试验：

（1）埋地管道、被包裹的管道须作闭水试验，试验时将进入集水井的排水口堵严，由雨水进口处灌水作闭水试验，以不超过规范允许的渗透量为合格。

（2）由于虹吸雨水是精算得出的排水系统，系统整体安装完成后如有可能需要作通水试验（须有充足水源），以检验系统的实际排量与设计排量的误差。

方法：单位时间内水容积增减的方法。

先将排水系统的立管出口密封，并将对应的排水分区隔开设立储水区，然后向储水池内持续加水（要求水深小于 0.5m，供水量应满足按设计排水量排放 1min 的要求）。打开出水口 5s 后，记录 30s 内水容积变化量，则

排水能力＝水容积变化量/时间。

若能在排水系统尾管部位安装流量计，那排水能力的计算可更为准确。

雨水主立管和水平干管均应作通水试验，排水应畅通、无堵塞。

4.7.3　保证措施

1. 质量标准及控制

雨水斗安装位置符合设计要求。雨水斗与屋面之间连接处应严密不漏。

雨水管的固定件固定牢固，固定支架设置在承重结构上。

雨水斗安装后，灌水试验必须合格。主立管、水平管及干管均作灌水、通水试验，必须合格。

2. 安全措施

施工过程中必须认真执行有关安全、防火的一般规定。

遵守有关施工用电的安全规范。

电工、焊工必须取得操作证，方可进行作业。电热熔施工过程要按照热熔技术规程进行，防止发热板烫伤人。

正确使用个人防护用品和安全防护措施，禁止穿拖鞋和光脚进入施工现场。在高空作业时，应系好安全带。

用电设备必须有可靠的接地保护装置。

3. 环保措施

施工作业面保持整洁，严禁将建筑施工垃圾随意抛弃，做到文明施工，工完场清，定点堆放。

施工用水不得随意排放，应进行沉淀处理后直接排入排水系统。

施工用料应做到长材不短用，加强材料回收利用，节约材料。

尽量使用低噪声的施工作业设施，无法避免噪声的施工设备，则应对其采取噪声隔离措施。

现场使用的粘结材料和油漆制品尽量使用环保标志产品，施工时应保证通风良好，并且施工人员要戴好防护口罩，使用后随即存放于专存库房内。

4.8 大面积异形地面铺贴技术

国内大型会展中心建筑特点大都是流线设计风格，出入口共享大堂，走廊、展厅等室内空间地面也都呈不规则状态。从装饰效果上来看，市场上现有的地面成品装饰材料规格尺寸都是相对标准的，与异形空间不匹配。从装饰控制要求来看，铺贴地面放线及铺贴不合理，容易造成地面空鼓、水平偏差大、环形走廊对接误差大等状况。

本技术可保证地面铺贴的装饰效果，降低异形铺贴对材料的损耗。

大面积异形地面铺贴技术适用于任何异形空间的室内地面装饰。

4.8.1 工艺流程

异形平面现场测量→地面材料电脑模拟放样→材料厂家根据放样图定制加工→检验水泥、砂、益胶泥、石材质量→试验→技术交底→试拼编号→准备机具设备→找标高→基底处理→铺抹结合层砂浆→铺石材→养护→勾缝→检查验收。

4.8.2 施工操作要点

试拼编号：在正式铺设前，对每一房间的石材板块，应按图案、颜色、纹理试拼，将非整块板对称排放在房间靠墙部位，试拼后按两个方向编号排列，然后按编号码放整齐。

找标高：根据水平标准线和设计厚度，在四周墙、柱上弹出面层的上平标高控制线。环形走廊分段设定开线及水平控制点。

基层处理：把沾在基层上的浮浆、落地灰等用錾子或钢丝刷清理掉，再用扫帚将浮土清扫干净。

排石材：将房间依照石材的尺寸，排出石材的放置位置，并在地面弹出十字控制线和分格线。

铺设结合层砂浆：铺设前应将基底湿润，并在基底上刷一道素水泥浆或界面结合剂，随刷随铺搅拌均匀的干硬性水泥砂浆。

铺石材：将石材放置在干拌料上，用橡皮锤找平，之后将石材拿起，在干拌料上浇适量素水泥浆，同时在石材背面涂厚度为 5～8mm 的益胶泥，再将石材放置在找过平的干拌料上，用橡皮锤按标高控制线和方正控制线坐平坐正。

铺石材时应先在房间中间按照十字线铺设十字控制板块，之后按照十字控制板块向四周铺设，并随时用 2m 靠尺和水平尺检查平整度，大面积铺贴时应分段、分部位铺贴。

如设计有图案要求时，应按照设计图案弹出准确分格线，并做好标记，防止差错。

养护：石材面层铺贴完应养护，养护时间不得小于 7d。

勾缝：当石材面层的强度达到可上人标准的时候，进行勾缝，用同种、同强度等级、同色的掺色水泥浆擦缝，撒素水泥浆面，洒适量清水。缝要求清晰、顺直、平整、光滑、深浅一致，缝色与石材颜色一致。

4.8.3　保证措施

质量标准：

材料应符合设计图纸的要求。

石材面层表面的坡度应符合设计要求，不倒泛水、无积水；与地漏、管道结合处应严密牢固，无渗漏。

石材面层与下一层应结合牢固，无空鼓，表面应洁净、平整、无磨痕，且应图案清晰，色泽一致，接缝平整，周边顺直，镶嵌正确，板块无裂纹、缺棱、掉角等缺陷。

踢脚线表面应洁净、高度一致、结合牢固，出墙厚度一致。

楼梯踏步和台阶板块的缝隙宽度应一致、齿角整齐，楼层梯段相邻踏步高度差不应大于10mm，防滑条应顺直、牢固（表4-7）。

允许偏差 表4-7

序号	项目	允许偏差（mm）	标准检验方法	实际检验方法
1	表面平整度	1	用2m靠尺、楔形塞尺检查	用3m靠尺、楔形塞尺检查
2	缝格平直	1	拉5m线，不足5m拉通线和尺量检查	拉5m线，不足5m拉通线和尺量检查
3	接缝高低差	0.5	用靠尺和塞尺检查	用靠尺和塞尺检查
4	踢脚线上口平直	1	拉5m线，不足5m拉通线和尺量检查	拉5m线，不足5m拉通线和尺量检查
5	板块间隙宽度	0.5	用钢直尺检查	用钢直尺检查

4.9 大空间吊顶施工技术

大空间吊顶是指大型公共空间顶部的一种装饰处理，用一些常规的吊顶材料体现出来。这种吊顶结构原理基本跟一般室内装饰吊顶相同，但又有它的特殊性，主要表现在：单体装饰投影面积大，吊顶完成面与结构楼层面距离较长，安装作业面离地较远。因此，装饰表面水平控制难度大，吊杆除作加长处理外，还必须对吊杆进行反向支撑杆特殊处理，超出需满铺钢架转换层。施工过程难度大，高空作业多。

可保证超大吊顶吊杆过长结构层的稳定性，超高吊顶检修安全方便，解决了吊顶造型GRG、大型灯具等着力点问题，提高了吊顶整体工艺指数。

大空间吊顶施工技术除了在会展项目使用外，还适用于大型体育场馆、大型商场等空间的超高超大公共空间。

4.9.1　工艺流程

设计钢架布置图→测量、放线→钢型材加工、切割→弹线定顶面钢板位置→钻孔→膨胀栓固定钢板→焊竖向槽钢主龙骨→焊横向角钢主龙骨→焊缝补刷防锈漆。

4.9.2　施工操作要点

（1）根据装饰、机电施工图纸，排满铺钢架图，竖向龙骨间距小于 2m，水平主龙骨间距小于 1m，以满足二次轻钢龙骨吊杆间距。重点将吊顶中部设计有造型 GRG 区域或大型灯具的部位，单独罗列出来，由专业厂家进行深化设计，再根据设计的吊装点，画出钢架的排列、加固图。

（2）按照设计图纸，复核现场的实际情况、设备安装情况，在结构顶面弹出十字控制定位线。在结构圈梁上打孔、定位时，考虑竖向墙面钢龙骨的预埋共用，以节省钢材。

（3）按弹好的水平线、标记线打孔，打孔可使用冲击钻，ϕ10mm 胀栓可上 ϕ10mm、ϕ5mm 的冲击钻头，打孔时先用尖錾子在预先弹好的点上凿一个点，然后用钻打孔，孔深在 60～80mm，若遇结构里的钢筋时，可以将孔位在水平方向移动或往上抬高，要连接铁件时利用可调余量调回。成孔要求与结构表面垂直，成孔后把孔内的灰粉清理干净后安放膨胀螺栓，宜将遇钢筋的半深孔用水泥砂浆填补好。

（4）焊接骨架：按照施工排板图要求的板块的横竖间距焊接龙骨后，需对焊口进行再施工。

注意事项：

钢结构加强层施工重点在于前期设计规划，要考虑设计综合部位；考虑机电设备的位置、走向与检修；考虑装饰材料的分块、预留与共用；考虑大型灯具的承重等各个问题。

1. 石膏板吊顶施工用材及机具、作业条件

（1）施工用材

ϕ10mm 吊筋、U50 主龙骨、次龙骨、吊件、挂件、接插件、纸面石膏板、自攻螺钉、专用补缝膏、专用补缝带。

（2）施工机具

冲击电锤、手枪电钻、切割机、板锯、安全多用刀、腻子刀、铁抹子。

（3）作业条件

1）主体结构完工，并通过验收。

2）吊顶内隐蔽的各种管线及通风管道均已安装完毕。

3）顶棚造型、周边窗帘盒等基本安装完毕。

4）搭好吊顶施工用操作平台。

5）做好现场劳动力的技术安全交底，以及各工种之间的配合协调交底。

2. 工艺流程

抄平、放线→排板、分线→（吊顶造型等安装）→安装边龙骨→吊筋安装→安装主龙骨→拉线粗平→安装次龙骨、横撑龙骨→拉线精平→（吊顶隐蔽验收全部完成后）安装第一层纸面石膏板→补板缝→安装面层纸面石膏板→（开灯孔等）→点防锈漆、补缝、粘贴专用纸带。

3. 施工技术要点及注意事项

（1）抄平、放线

根据现场提供的标高控制点，按施工图纸各区域的标高，首先在墙面、柱面上弹出标高控制线，一般在±0.000 以上 1.4m 左右为宜，抄平最好采用水平仪等仪器，在水平仪抄出大多数点后，其余位置可采用水管抄标高。要求水平线、标高一致、准确。

（2）排板、分线

根据实际测到的各房间尺寸，按市场采购的板材情况，进行各房间的纸面石膏板排板（包括龙骨排板布置），绘制排板平面图，尽量保证板材少切割、龙骨易于安装。然后依据实际排板情况，在楼板底弹出主龙骨位置线，便于吊

筋安装，保证龙骨安装成直线、吊筋安装垂直。

（3）吊顶造型安装

1）龙骨排板布置应充分考虑顶棚造型、灯具安装、空调孔等位置，主龙骨应尽量错开这些位置。

2）二层板安装时，其长边所形成的接缝应与第一层板的长边缝错开，至少错开 300mm。其短边所形成的板缝，也要与第一层板的短边错开，相互错开的距离至少是相邻两根次龙骨的中距。

3）大型灯盘、孔洞等周边，应重点考虑龙骨排板布置加固。

（4）安装边龙骨

根据抄出的标高控制线以及图纸标高要求，在四周墙体、柱体上铺钉边龙骨，以便控制顶棚龙骨安装，边龙骨安装要求牢固、顺直、标高位置准确，安装完毕后应复核标高位置是否正确。

（5）吊筋安装

上人吊顶采用 ϕ10mm 吊筋，非上人吊顶采用 ϕ8mm 吊筋，吊筋间距控制在 1200mm 以内，吊筋下端套丝，吊筋焊接一般采用双面间焊，搭接长度不小于 8d。

吊筋与钢结构转换层连接可采用后置铁件形式，一般现场采用角码（L40×40×4 角钢），角码采用 L8×80 角钢连接，吊筋与角码采用双面满焊连接。所有铁件及焊点均应进行防锈处理（刷防锈漆三遍）。

（6）安装主龙骨

在吊顶内消防、空调、强电、弱电等管道安装基本就绪后进行主龙骨安装。

双层纸面石膏板吊顶主龙骨宜于选用 U50、U60 型，保证基层骨架的刚度。

相邻两根主龙骨接头位置应错开，错开以 1200mm 为宜；相邻主龙骨应背向安装，相邻主龙骨挂件应采用一正一反安装，防止龙骨倾覆；龙骨连接应采用专用连接件，并用螺栓锁紧；主龙骨中距 1000～1100mm。

在大型灯盘、孔洞等位置，除灯盘需使用专用吊筋外，还应按排板要求做好主龙骨的加固措施。

主龙骨安装应拉线进行龙骨粗平工作，房间面积较大时（面积大于 $20m^2$），主龙骨安装应起拱（短向长的 1/200），调整好水平后应立即拧紧主挂件的螺栓，并按照龙骨排板图在龙骨下端弹出次龙骨位置线。

（7）安装次龙骨、横撑龙骨

按照龙骨布置排板图安装次龙骨，次龙骨安装完毕后安装横撑龙骨，次龙骨安装时要求相邻次龙骨接头错开，接头位置不能在一条直线上，防止石膏板安装后吊顶下坍。

横撑龙骨安装要求位于纸面石膏板的长边接缝处，横撑龙骨下料尺寸一定要准确，确保横撑龙骨与次龙骨连接紧密、牢固。

次龙骨间距宜采用 300mm。

次龙骨和横撑龙骨安装后应进行吊顶龙骨精平，拉通线进行检查、调整，房间尺寸过大时，为防止通线下坠，宜在房间内适当增加标高标志杆（木方），保证通线水平准确。

次龙骨与主龙骨、次龙骨之间、次龙骨与横撑龙骨应采用专用连接件连接，并保证连接牢固、紧密。

（8）安装基层纸面石膏板

固定纸面石膏板可直接用自攻螺钉枪喷射自攻螺钉将其与龙骨固定，钉头应嵌入板面 0.5～1mm，但以不损坏纸面为宜，自攻螺钉用 M3.5×25，自攻螺钉与板面应垂直，弯曲、变形的螺钉应剔除，并在相隔 50mm 的部位另安螺钉。自攻螺钉钉距 150～170mm。自攻螺钉与纸面石膏板板边的距离：面纸包封的板边以 10～15mm 为宜，切割的板边以 15～20mm 为宜。

纸面石膏板安装接缝应错开，接缝位置必须落在次龙骨或横撑龙骨上，安装时应从板的中间向板的四边固定，不得多点同时作业，安装应在板面无应力状态下进行。

纸面石膏板安装板面之间应留缝 3～5mm，要求缝隙宽窄一致（可采用三层板或五层板间隔）。板面切割应划穿纸面及石膏，石膏板变成粉碎状时禁止使用。纸面石膏板与墙柱等周边留有 5mm 间隙。

（9）安装面层纸面石膏板

同第一层纸面石膏板安装，自攻螺钉用 M3.5×35。

面层板与基层板的接缝应错开，不能在同一根龙骨上接缝。接缝位置应落在次龙骨或横撑龙骨上。

（10）点防锈漆、补缝、粘贴专用纸带

纸面石膏板安装完毕后，自攻螺钉应进行防锈处理（防锈漆最好采用银灰色），并用腻子找平。纸面石膏板之间的接缝采用专用补缝膏填补（分三次进行），要求填补密实、平整，待补缝膏干燥后，粘贴专用贴缝带。

（11）注意事项

1）吊筋应按现场实际测量的尺寸进行下料，吊筋制作要求平直。安装时要求按已弹好的主龙骨位置线进行，要求安装垂直。

2）吊筋布置距周边墙边、柱边的距离要求：上人型吊顶不得大于100mm，不上人型吊顶不得大于300mm。

3）吊筋长度一般应控制在 1500mm 以内，若原顶棚高度过高，造成吊筋长度超长，应按设计要求考虑吊筋加固（加斜撑或钢网架），防止因吊筋过长不易调直、晃动等。

4）主龙骨端头距墙柱周边预留 5～10mm 空隙，最边的主龙骨距墙柱等周边距离不超过 300mm。

5）在大型灯盘、孔洞周边应现场放线，确定位置后，大型灯盘加专用吊筋，并按照龙骨排板图在其周边加横撑龙骨。

4.9.3　保证措施

1. 质量要求

（1）主控项目

1）吊顶标高、尺寸、起拱和造型应符合设计要求。

检验方法：观察；尺量检查。

2）饰面材料的材质、品种、规格、图案和颜色应符合设计要求。

检验方法：观察；检查产品合格证书、性能检测报告、进场验收记录和复验报告。

3）暗龙骨吊顶工程的吊杆、龙骨和饰面材料的安装必须牢固。

检验方法：观察；手扳检查；检查隐蔽工程验收记录和施工记录。

4）吊杆、龙骨的材质、规格、安装间距及连接方式应符合设计要求。金属吊杆、龙骨应经过表面防腐处理；木吊杆、龙骨应进行防腐、防火处理。

检验方法：观察；尺量检查；检查产品合格证书、性能检测报告、进场验收记录和隐蔽工程验收记录。

5）石膏板的接缝应按其施工工艺标准进行板缝防裂处理。安装双层石膏板时，面层板与基层板的接缝应错开，并不得在同一根龙骨上接缝。

检验方法：观察。

（2）一般项目

1）饰面材料表面应洁净、色泽一致，不得有翘曲、裂缝及缺损。压条应平直、宽窄一致。

检验方法：观察；尺量检查。

2）饰面板上的灯具、烟感器、喷淋头、风口箅子等设备的位置应合理、美观，与饰面板的交接应吻合、严密。

检验方法：观察。

3）金属吊杆、龙骨的接缝应均匀一致，角缝应吻合，表面应平整，无翘曲、锤印。木质吊杆、龙骨应顺直，无裂缝、变形。

检验方法：检查隐蔽工程验收记录和施工记录。

4）吊顶内填充吸声材料的品种和铺设厚度应符合设计要求，并应有防散落措施。

检验方法：检查隐蔽工程验收记录和施工记录。

5）暗龙骨吊顶工程安装的允许偏差和检验方法应符合表 4-8 的规定。

暗龙骨吊顶工程安装的允许偏差和检验方法　　　　表 4-8

项次	项目	允许偏差（mm）	检验方法
		纸面石膏板	
1	表面平整度	3	用 2m 靠尺和塞尺检查
2	接缝直线度	3	拉 5m 线，不足 5m 拉通线，用钢直尺检查
3	接缝高低差	1	用钢直尺和塞尺检查

2. 安全措施

（1）临时用电线路和电源要经常检查，防止破损，操作时应戴绝缘手套，穿胶鞋。

（2）吊顶高度超过 4m 时，在脚手架上作业应系好安全带。

4.10　大面积承重耐磨地面施工技术

目前，国内的厂房、超市、学校及其他建筑的地面，一般采用矿物骨料硬化耐磨地面材料。只有在需要更高强度、更好耐磨性，有特殊使用要求的地面，如福州海峡国际会展中心的大面积承重耐磨地面，才采用金属骨料硬化耐磨材料。这种材料具有耐磨、致密、不起尘、高强度、着色性好等性能。

耐磨地面硬化剂具有表面硬度高、密度大、耐磨、不产生灰尘、不易剥离、经济适用、使用范围广等优点。

4.10.1　工艺流程

该技术摒弃了传统的混凝土基层与面层分开施工的做法，消除了因基层与面层结合不良而导致裂缝和空鼓的质量通病，简化了工序，缩短了施工周期，节约了人工费用。

地面构造如下（图 4-26）：

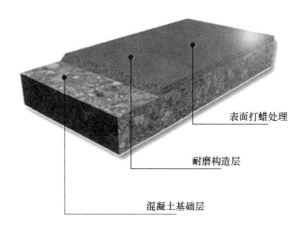

图 4-26　地面构造

（1）打磨机打磨；

（2）5mm 厚混凝土加非金属骨料，随打随磨光；

（3）95mm 厚 C25 细石混凝土，ϕ4mm 双向@150mm 钢筋。

耐磨地面一次抹面技术的应用：根据装修要求标高采用细石混凝土一次成活，原浆压光，减少工序，防止空裂，减少今后做找平层的施工工序，从而降低工程成本。另外，对于车道地面有横向坡度要求，考虑在结构施工的同时设置坡度，减少装修投入。

金属骨料耐磨地面，采用钢屑与水泥的拌合物铺设在水泥砂浆结合层上而成。这种面层具有如下特点：①增强混凝土地面的耐磨性和强度；②形成一个高密度、易清洁、抗渗透的地面；③材料的整体色彩避免了其他材料周期性涂抹带来的费用及表面增厚现象；④减少货运工具车轮对地面的磨损；⑤地面施工不附加施工工期，可大幅度提高工程进度。

定位放线→基层处理→支钢模→绑扎钢筋→安装预埋→隐蔽验收、专业会签→洒水湿润→浇筑面层混凝土并找平→铺撒耐磨材料→粗打磨、抹平→补铺撒耐磨材料→打磨、抹平及磨光→成品养护与保护→切缝及填塞→完工。

4.10.2 施工操作要点

1. 操作方式

（1）分仓支钢模、绑钢筋

用槽钢模（刷隔离剂）分仓，槽钢的安装位置须与分仓缝重合，并拉通线校直，检查其标高是否符合要求。分仓不直时，应在下次补仓施工前用切缝机弹线修正后再浇筑混凝土，缝应与地面成型后的分仓缝位置相一致。

分仓模板支完及分仓线弹好后，将基层清理干净，根据分仓绑扎直径为 4mm、间距为 150mm 的钢筋网，在混凝土浇筑时，将钢筋网片放置在一旁，待混凝土振捣完毕，再铺设钢筋并下压到混凝土顶面下 20mm。

（2）浇筑混凝土

混凝土原材料及拌制要求：

粗骨料粒径：5～25mm。

细骨料为中砂，细度模数 2.6。

坍落度：100±20mm。

严格控制混凝土水灰比，杜绝为方便施工而掺水过多的情况，水灰比宜为 0.5±0.05。

（3）施工准备

混凝土浇捣前提前 1d 湿润楼板但不得积水。

混凝土采用罐车运输，利用输送泵连续浇灌。

配备足够振捣工具，插入式振动棒不少于 3 台，平板振动器不少于 1 台，并配有备用机器（各式振动器各不少于 1 台，振动棒不少于 10 条）。

混凝土工：2（班）×20＝40 人，另组织应急人员 20 人待命，电工、机械工、机修工各 2～4 名。

（4）混凝土浇捣

混凝土浇筑应根据施工方案分段隔跨组织施工，混凝土尽可能一次浇筑至标高，局部未达到标高处利用混凝土料补齐并振捣，严禁使用砂浆修补。先以插入式振动棒配合混凝土的出料进行振捣，1h后，再以平板振动器仔细振捣，并用钢滚筒多次反复滚压，柱、边角等部位用木抹拍浆。混凝土刮平后水泥浆浮出表面至少3mm厚。混凝土的每日浇筑量应与嫚光机的数量和效率相适应，每天宜1000m²。

浇筑过程中不断复核混凝土表面标高，保证面层水平。用6m长铝合金刮尺收平，刮尺下口与设计标高平。混凝土用木抹子搓平提浆，使其表面稍有泌水，以利于耐磨材料吸收水分。混凝土连续浇筑不留冷缝，施工需要停歇时应在分仓缝部位并补齐（工长指定留置并监督处理好）。

（5）撒耐磨材料

待混凝土初凝（混凝土初凝的标准：一般在浇捣混凝土4~5h后，目测混凝土表面基本无泌水或用"指压测试法"留下3~5mm印记），分段（仓）将2/3规定用量的耐磨材料先撒在边角、阳光暴晒和风口部位，再由前往后依次均匀铺撒于混凝土面层上。

（6）粗打磨及抹平

待耐磨材料充分润湿后，即可进行加装圆盘的机械镘刀作业，横向、纵向按序打磨各一次，墙、柱等边角部位用木抹子搓平。

耐磨材料应均匀分布于基层混凝土表面并保证地面水平。

抹平时间由混凝土面层硬度决定，以平均1h打磨1次为宜，机械镘刀应由前向后，左右反复运行，以圆盘每运转1圈机械镘刀移动约半盘宽度效果最佳，若运行时遇凹凸部分，将机械镘刀在凹凸处前后左右移动即可。

（7）补撒耐磨材料

待打磨后的耐磨材料硬化至一定阶段时，进行第二次铺撒耐磨材料作业（用量为规定用量的1/3）。

耐磨材料应撒布均匀（重点补撒较湿润的低洼处，并控制表面颜色均匀一致）。

（8）打磨、抹平及磨光

待补撒的耐磨材料充分吸收水分后，再进行至少两次加装圆盘的机械镘刀作业，机械镘刀作业应纵横向交错进行。

取下机械镘刀的圆盘，采用机械镘刀进行压光及抹平工作。

根据耐磨面层的硬化情况，不断调整机械镘刀的运转速度和与地面的角度（机械镘刀配有 4 片金属抹片十字组合，倾斜角度可随意调节）。

采用机械镘刀对耐磨面层进行磨光作业，纵横向交错进行，运行时机械镘刀由前向后、左右反复、每趟压搓，反复 3 遍以上，以获得初步平整光洁的表面效果。

（9）表面修饰及养护

镘光机作业后面层仍存在抹纹、较凌乱，为消除抹纹最后采用薄钢抹子对面层进行有序、同向的人工压光，完成修饰工序。

耐磨地面施工 5～6h 后喷洒养护剂养护，用量为 0.2L/m²；或面覆塑料薄膜，防止引起开裂。

耐磨地面施工完成 24h 后即可拆模，但应注意不得损伤地面边缘。

（10）切缝及填塞处理

耐磨硬化剂地面面层施工完成 5～7d 后宜马上开始切割缝，以防不规则龟裂。切割应统一弹线，以确保切割缝整齐顺直。切割缝完成后将缝内杂物清理干净，用除尘器吹干缝内积水。将 PG 道路嵌缝胶灌入缝内（下部塞泡沫条）。

（11）成品养护与保护

耐磨地面施工 5～6h 后喷洒养护剂养护，用量为 0.2L/m²；或面覆塑料薄膜，防止引起开裂。做好成品保护，面层施工完后，设围栏以防强度未达到要求之前上人，防止交叉作业污染。在隔仓施工时，须及时清除撒在已施工面层上的水泥浆及其他杂物。

混凝土在浇捣完，耐磨地面施工养护剂喷洒后，在表面覆盖一层塑料薄膜，薄膜上面采用无纺布养护，养护期间在周围设置栏杆，一般人员不能在上面行走，3d 后在面层上铺设模板进行保护，且养护时间不得少于 7d。混凝土养护采用覆盖一层塑料薄膜和无纺布，薄膜要求质量完好、无孔洞，保持混凝土表面湿润，达到自身养护的作用（图 4-27）。

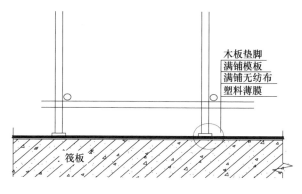

图 4-27　筏板养护图示

（12）修补做法

若硬化剂地面损坏，可采用两种方式修补。

局部破损可用丁苯乳胶加水拌合筛除骨料的硬化剂材料配制的胶泥刮腻子修补。将破损区清理干净，充分浸水润湿，再用丁苯乳胶加水乳液进行涂刷。

较大面积破损可根据需要画线锯切，凿掉面层及部分基层混凝土，再清理润湿，扫素水泥浆，浇捣混凝土，最后施工硬化剂面层。

2. 操作要点

贴饼冲筋前，钢筋混凝土楼面先用清水冲洗干净。

耐磨地面标高控制：在每块内用与楼板混凝土同强度等级的细石混凝土在东西方向与南北方向贴饼、冲筋，间距 2000mm，同时要保证筋、饼严格均布，并使用水平仪随时检测水平平整度。

耐磨面层施工在混凝土面去除泌水之后开始进行，直至表面加工完成止。

耐磨面层施工应由专业人员操作专门的机械镘刀作业完成。

表面磨光作业：耐磨面层的最终修饰加工采用机械镘刀或手工镘刀一次完成，表面光洁度及防滑度达到设计要求。

耐磨地面养护：为防止表面水分的急剧蒸发，在楼面完成 1～6h 内在其表面涂敷专用养护剂，进行前期养护。

10mm 以上的较深部位修补：将要修补的施工面凿去一定厚度后放入钢筋

网片，浇筑细石混凝土。

4.10.3 保证措施

1. 质量标准及控制

强度、密度及均匀度应符合设计要求，面层应密实、无裂纹、脱皮、起砂等缺陷。

表面平整致密，无抹纹，颜色一致。

整体面层施工后，养护时间不应少于 7d；抗压强度应达到 5MPa 后，方准上人行走；抗压强度应达到设计要求后，方可正常使用。

整体面层的抹平工作应在水泥初凝前完成，压光工作应在水泥终凝前完成。

整体面层的允许偏差应符合表 4-9 规定。

表 4-9

允许偏差表（mm）

项目	表面平整度	踢脚线上口平直	缝格平直
允许偏差	5	4	3
内控指标	4	3	2

混凝土坍落度必须严格控制在 100 ± 20mm，不掺任何外加剂，砂率控制在 40% 以内。混凝土浇筑速度不宜过快，应振捣多遍，使面层与基层充分结合。

混凝土浇捣时，应特别留意模板边缘和风口处混凝土的干湿情况，该部位须提早进行耐磨面层施工。

耐磨材料铺撒不宜过早，面积不宜过大，以免发生混凝土表面先硬化而下面还发软的现象，最终造成无法施工或来不及施工；另外还应注意掌握混凝土的初凝、打磨和磨光时间等。

施工间歇应考虑与伸缩缝位置统一，以免出现非变形缝处接槎而影响地面观感。混凝土补仓应注意防止污染成品地面和控制平整度。

切割伸缩缝时，水电安装应安排专人跟班，以免切割时破坏预埋的水电管线。

面层磨光施工中应穿软质平底鞋，以免损坏地面。

2. 安全措施

工人入场前必须经过安全教育，操作前进行安全交底。

严格执行特殊工种持证上岗，操作前进行安全交底。

夜间施工有足够的照明，并派电工跟班作业。

合理布置电源、电线网络，各种电源线应用绝缘线，不允许拖地和固定在铁件上。

现场电动机具必须按规定设置保护接地或接零，并必须安装触电保护器。现场使用的电箱必须编号，严格按三级保护用电，做到单机、单触保器，防止触电事故的发生。

现场机械设备必须定机、定人、定岗位，使用前由机电员负责验收工作，专人操作，定期维护、保养，做好运转记录。

3. 环保措施

建立与质量安全保证体系并行的环境保护保证体系，配备相应的环保设施和技术力量，与当地政府和环保部门联合协作，全面控制施工污染，搞好泥浆收集处理，将各种污水及噪声污染控制在环境指标限定的范围内，严格控制水土流失，确保施工环境全面达到国家环保标准。

把环保作为施工的重要工作来抓，抓措施、抓设施、抓落实，制定施工现场环境保护的目标责任书，定岗定责，责任到人。

合理布置施工场地，生产、生活设施尽量布置在征地线以内，少占或不占耕地，尽量不破坏原有植被，不随意砍伐树木，并在其周围植草或植树绿化，创建美好环境。

永久性用地范围内裸露地表用植被覆盖。工程完工后，拆除一切临时用地范围内的临时生产和生活设施，搞好租用地和弃渣场复耕，绿化原有场地，恢复自然原貌。退场时的场地清理，达到地方政府、群众及相关其他单位满意的程度，并取得有效的证明文件。

4.11 饰面混凝土技术

饰面混凝土又名清水混凝土，随着建筑业的不断发展，人们对建筑工程质量要求越来越高，建筑质量的好坏已成为施工企业竞争的主流。因饰面混凝土极具装饰效果，属于一次浇筑成型，不作任何外装饰，直接采用现浇混凝土的自然表面效果作为饰面；浇筑的是高质量的混凝土，而且在拆除浇筑模板后，不再做任何外部抹灰等工程，表面非常光滑，棱角分明，无任何外墙装饰，天然、庄重、内敛而平和，因此饰面混凝土模板施工已逐步取代传统的小钢模或木模施工工艺。

该工艺有以下特点：

过程控制比较严格，施工精细。

表面非常光滑，棱角分明，无任何外墙装饰。

省略大量装饰装潢，可节省大量吊顶及内外装饰材料。

降低框架结构混凝土工程造价，加快施工进度，减轻自重，减少施工垃圾。

在追求欣赏品位的同时实现了成本的节约和工期的高效率。

适用于建筑物、构筑物结构表面有饰面混凝土效果要求的现浇钢筋混凝土结构工程，如会展工程项目。

寒冷地区，饰面混凝土不宜冬期施工。

4.11.1 工艺流程

以先进的模板体系、合理的施工工艺、巧妙的局部处理，使混凝土表面平整光洁，不用抹灰找平。

工艺流程：

施工准备→原材料选择→配合比设计→模板体系选用→混凝土浇筑→混凝土养护→混凝土成品保护→混凝土表面修复→混凝土透明涂料施工。

4.11.2 施工操作要点

要达到比较理想的饰面混凝土效果，关键是两个方面：饰面混凝土的原材料选择及配合比设计原则。

1. 混凝土原材料选择

根据饰面混凝土特点重点对混凝土的水泥用量、骨料、磨细矿物掺合料、外加剂等进行质量控制，以保证混凝土原材料的质量。

（1）水泥

选用的水泥应具有质量稳定、含碱量低、C_3A 含量小、强度富余系数大、活性好、标准稠度、用水量少并且原材料色泽均匀一致等性能，强度等级不宜低于 42.5R。

（2）骨料

粗骨料选用的原则是强度高，连续级配好，并且颜色一致的碎石含泥量应小于 1%，大于 5mm 的纯泥含量应小于 0.5%，针片颗粒含量不大于 15%，骨料不带杂物。细骨料选用中粗砂，细度模数在 2.3 以上，颜色应一致，含泥量控制在 3% 以内，大于 5mm 的纯泥含量小于 1%，有害物质含量不大于 1%。粗细骨料的碱活性必须符合要求。

（3）磨细矿物掺合料

掺加矿物掺合料已是混凝土发展的趋势，故其粉煤灰等掺合量应不超过胶结料总量的 25%，矿粉要求密度在 2.5g/cm³ 左右，平均粒径 0.1~0.2mm。

（4）外加剂

外加剂要求减水效果明显，能够满足混凝土的各项工作性能，且与水泥相适应。进入冬期施工时，应对各种外加剂进行试验选用，以达到施工及成品的效果。

2. 配合比设计原则

饰面混凝土的工作性能包括流动性、填充性、耐久性等，现从以下几点来分析混凝土配合比设计原则。

（1）耐久性

为提高饰面混凝土的耐久性，应主要从抗渗性、抗化学侵蚀性等方面采取措施。适量地掺加磨细掺合料，可使混凝土的导电量明显降低，抗氯离子的渗透性明显提高，可以抵抗温度、湿度中性化作用及盐害、冻害等对混凝土耐久性的侵蚀。

（2）抗冻性

当工程经历冬期施工，为增强混凝土的抗冻性能，可采用具有防冻早强泵送、引气组分的外加剂，适当调低水胶比，并掺入适量的磨细掺合料，才能使混凝土具有良好的抗冻融性能。

（3）抗碳化

碳化速度与混凝土密实度有关，需要通过控制砂、石的级配掺入磨细掺合料并控制好砂率、水胶比等混凝土配合比的设计参数，以提高结构的密度。

（4）体积的稳定性

混凝土的收缩性与混凝土的水泥用量、水胶比、混凝土养护失水等有关，要减少混凝土的自身收缩，可采用润湿的骨料代替普通骨料，以起到"内养护"作用；也可掺加活性较小的矿物掺合料，增加减缩剂。

（5）预防混凝土碱骨料反应

当混凝土含碱料多时，在潮湿环境下会引起碱骨料反应，导致混凝土被破坏，因此必须控制水泥中的含碱量，可使用低碱活性骨料配置混凝土。

3. 模板的设计及施工技术

饰面混凝土一次成型，不作任何装饰，拆模后即可达到高级抹灰标准，对明缝、禅缝及对拉螺栓孔的位置，要求整齐、美观，而且不允许出现任何明显的观感缺陷，因此必须进行模板体系的选用与设计。

（1）材料的选用：为保证施工质量，除基础地板及导墙外，所有模板（墙体、顶板、门窗洞口）均选用 15mm 厚木胶板、木方双面刨平。

（2）螺杆布置：地下部分步距 410mm、行距 250mm；地上部分步距 410mm、行距 410mm。

（3）模板制作：如果墙体水平方向为弧线，为保证模板尺寸准确，应采用电脑辅助放样与现场放样相结合，每块模板单独放样，进行组拼。

（4）模板加工与拼缝：由于采用的是新制木胶板，模板切割时全部弹线。为保证施工质量，大面墙体避免切割模板，切割刀口破损处朝外，以保证混凝土面光滑平整。同时，模板接头处为防止漏浆，模板接缝可做 2mm 宽，模板加工高度统一超过混凝土浇筑高度 100mm。

（5）模板堵缝：

螺栓杆孔处理：螺栓杆在模板内侧全部加塑料环，以免漏浆。

墙体堵缝：导墙弹线切齐后，在距上口 50mm 处开始沿墙身水平方向贴设两道双面胶条。模板下口用水泥砂浆堵塞严密。

（6）模板加固：模板加固除采用穿墙螺栓外，为防止整体移位，还应采用刚性支撑。支撑材料采用钢管。竖直与水平方向间距均为 800mm，在混凝土基础底板上预埋钢筋以便支设。

（7）模板支设控制：支设前在混凝土底板上根据电脑辅助绘图进行分段放样，弹出两道线（模板支设控制线和模板支设完毕的检查控制线）。模板下口要求在导墙上弹好水平线进行控制，不平处事先用 1：3 水泥砂浆进行找平，高度偏差不大于 2mm；模板拼缝要求横平竖直，成一条直线，偏差不大于 2mm。

模板以墙外侧控制为主，内侧模板依据外侧模板相应调整尺寸，使之内外接缝位置一致。模板从阳角开始排板，优先保证主要部位采用整块模板，不合模数处应设置在不显眼位置或用阴角模板调整。

（8）模板拆除：为保证混凝土浇筑质量，墙体混凝土浇筑完毕 48h 后方可拆除。顶板混凝土达到设计强度后方可拆除。

（9）门窗洞口模板：所有门窗洞口采用模板材料均应与墙体模板相同，并于该处将墙体模板制作成整体，以免出现异位、漏浆现象。为保证浇筑质量，在窗下口设置振动口和排气孔。

（10）阴阳角模板：阴阳角模板做成整体形状。不便于用竹胶板制作的部位用木材制作成其专用形状。

（11）顶板模板：次龙骨：采用 50mm×100mm 木方，间距 250mm；主龙骨：采用 100mm×100mm 木方，间距 900mm。竖向支撑采用钢管顶部用油托调整标高。钢管间距双向 900mm，加设水平支撑，双向间距 1200mm。

（12）顶板帮板：基本做法同墙体模板根部处理。

为防止帮板上口横向移位，需对其进行加固处理。

（13）其他要求：同一般混凝土现浇模板要求。

（14）模板检验标准，见表 4-10。

模板检验标准 表 4-10

序号	项目	要求（mm）	备注
1	轴线位移	3	直尺
2	平整度	3	靠尺、塞尺
3	垂直度	±3	靠尺
4	接缝高低差	1	直尺、塞尺
5	阴阳角方正	±3	角尺
6	墙体宽度	−2～0	直尺
7	相邻模板顺直	2	直尺
8	螺栓杆间距	±5	直尺
9	门窗洞口中心线位移	3	
10	门窗洞口宽高	±5	
11	门窗洞口对角线	3	

4. 混凝土工程施工

（1）混凝土的浇筑

浇筑前做好计划和协调准备工作，控制预拌混凝土的质量，保证混凝土性能的同一性。混凝土必须连续浇筑，施工缝须留设在明缝处，避免因产生施工冷缝而影响混凝土观感质量。掌握混凝土振捣时间，以混凝土表面呈水平并出现均匀的水泥浆、不再有显著下沉和大量气泡上冒时为止；为减少混凝土表面气泡，采用二次振捣工艺，第一次在混凝土浇筑入模后振捣，第二次在第二层混凝土浇筑前再进行，顶层一般在 0.5h 后进行振捣。

浇筑前注意事项，见表 4-11。

饰面混凝土浇筑前注意事项 表 4-11

序号	检查内容	要求
1	模板清理	板底无杂物、松散混凝土
2	模板加固	支撑牢固，数量、间距符合方案要求，传力路径明确、合理
3	模板拼缝	拼缝严密、无错台，模板下口砂浆封堵
4	模板标高	满足混凝土浇筑高度要求，并有足够的浇筑高度标记
5	穿墙螺杆	间距、数量、位置符合要求，安装牢固，有塑料垫套
6	施工缝	施工缝位置正确，接槎平整、顺直，加固牢固
7	阴阳角	模板制作安装合理、拼接牢固、不易变形、易拆除
8	门窗模板	制作合理、安装稳固，有抗浮及抗变形、移位措施
9	钢筋	间距准确、高度准确，绑扎牢固、绑扎丝材料正确，丝头朝内
10	钢筋垫块	材料合格、固定牢固、间距准确
11	顶模棍	安装牢固、位置准确，有塑料护套
12	机械	汽车泵臂长满足要求；振动棒棒长满足浇筑高度要求，至少有 2 台备用振捣设备
13	配合比	满足清水混凝土要求
14	劳动力	人员配备齐全、合理、充足

浇筑过程注意事项，见表 4-12。

饰面混凝土浇筑过程注意事项 表 4-12

序号	检查内容	要求
1	混凝土搅拌质量	坍落度满足要求，无离析、色差
2	施工缝处理	已润湿，根部有 50～100mm 厚同配比的砂浆
3	浇筑顺序、速度	与振捣速度相符，不超过 20～30m³/h，无冷缝；从远向近
4	浇筑质量	分层厚度 300～500mm，无离析
5	振捣质量	振捣速度能满足浇筑速度要求，插点间距准确、方法正确，无漏振点，钢筋密集区域经过重点振捣，经敲击模板无空音；无过振
6	钢筋	无移位、松动
7	模板	无较明显漏浆，无变形，支撑无松动

浇筑后注意事项，见表4-13。

饰面混凝土浇筑后注意事项　　　　　　　　　　　表 4-13

序号	检查内容	要求
1	混凝土浇筑高度	超过设计高度不小于50mm
2	封顶收面	收面不少于3遍，时间适宜，标高±5mm
3	拆模	墙体浇筑完超过24h拆除，顶板达到设计强度的75%拆除
4	成品保护	拆模过程中不得碰坏墙面阳角，所有阳角及时用护角包好
5	养护	浇筑完12h后开始养护，养护时间不少于14d
6	钢筋	无锈蚀、无外露
7	施工缝	切割剔凿整齐平整，无松散混凝土

（2）混凝土的养护

在混凝土同条件试件强度达到3MPa（冬期不小于4MPa）时拆模，拆模后应及时养护，以减少混凝土表面出现色差、收缩裂缝等现象。饰面混凝土养护，采取覆盖塑料薄膜和阻燃草帘并洒水养护相结合的方案，拆模前和养护过程中均应洒水保持湿润，养护时间不少于7d。冬期施工时不能洒水养护，可采用涂刷养护剂与塑料薄膜、阻燃草帘相结合的养护方法，养护时间不少于14d。

（3）混凝土的成品保护

后续工序施工时，要注意对饰面混凝土的保护，不得碰撞及污染饰面混凝土结构；在混凝土交工前，用塑料薄膜保护外墙，以防污染，对易被碰触的部位及楼梯、预留洞口、柱、门边、阳角，拆模后钉薄木条或粘贴硬塑料条保护。另外，还要对工人加强教育，避免人为污染或损坏。

（4）混凝土表面修复

修补时应遵循以下原则：一般的观感缺陷可以不进行修补；应针对不同部位及不同缺陷采取有针对性的修补方法；修补腻子颜色应与饰面混凝土基本相同；修补时要注意对饰面混凝土的成品保护，修补后应及时洒水养护。

（5）混凝土透明涂料的施工

施工完成后，在饰面混凝土表面涂刷高耐久性的常温固化氟树脂透明保护涂料，以形成透明保护膜，使表面质感及颜色均匀，增强混凝土外观效果，从而起到增强混凝土耐久性并保持混凝土自然肌理和质感的作用。

（6）施工注意事项

1）正常施工注意事项

① 同一视觉范围内的混凝土强度等级应统一，以免影响饰面混凝土的效果。

② 模板可采用质量、性能好的国产多层覆膜板，在模板加工和施工过程中采取合理的措施，也能达到相当好的效果。

③ 为控制表面裂缝，应尽量选用小直径钢筋，减小钢筋间距，保证混凝土均匀受力，避免混凝土开裂。

④ 墙体浇筑饰面混凝土注意事项：

a. 浇筑前对墙底全部进行浇水湿润。

b. 与搅拌站事先约定好供应速度，约 $20\sim30m^3/h$，以免等待时间过长，混凝土坍落度损失过大，或供应不及时产生冷缝。

c. 对每车进场的混凝土均检查坍落度及和易性，不合格的必须退场。

d. 混凝土浇筑采用 $36\sim47m$ 汽车泵（根据墙体距离）进行施工，并选择好适当的停车位置。

e. 合理控制每次浇筑混凝土的体积。

f. 为保证墙体施工质量，浇筑时间选在 8：00 至 14：00 完成。

g. 配备足够熟练的振捣手和机械，由专人负责检查振捣质量，特别要将暗柱、门窗等部位作为重点。

h. 木工在整个浇筑过程中时刻检查模板情况，出现异常情况及时处理。

⑤ 顶板混凝土浇筑其他注意事项：

a. 浇筑顺序：自低处向高处进行浇筑，呈折线形向上推进。

b. 为防止混凝土流淌，在保证施工质量的前提下尽量减小混凝土坍落度。

c. 在模板上事先标出标高控制线，以控制标高。

2）冬期施工注意事项

① 混凝土使用低碱水泥，优先选用普通硅酸盐水泥，在混凝土中掺入与非冬期施工外加剂性能相近的防冻剂，避免与前期浇筑混凝土产生色差。混凝土搅拌时间比常温时延长 50%，保证混凝土拌合物出机温度不低于 15℃。

② 加强混凝土运输过程中的保温，保证混凝土入模温度不低于 10℃，以免新浇混凝土冷却过快，影响早期强度增长和观感质量。

③ 施工楼层形成封闭的环境，当室外温度低于-10℃时，在施工楼层采用电散热器进行加热保温。做好同条件试件的留置和混凝土的测温工作，随时掌握混凝土的内部温度，根据温度变化情况及时采取防护措施。

4.11.3 保证措施

1. 质量标准及控制

严格执行有关规范、规章，认真落实施工技术保证措施、施工组织方案、现场组织措施。

针对框架柱、梁结构彼此相对独立的特点，通过横向水平支撑加强彼此之间的联系，形成一个整体，在混凝土浇筑期间还要随时检查各节点处是否产生位移，发现问题及时纠正。

针对商品混凝土拌制地与施工点的远近距离的不同，合理调整搅拌输送车的送料时间，根据具体施工的快慢调节输送车的车次，并在施工现场逐车测量混凝土的坍落度。

施工时严格控制每次下料的高度和厚度，保证分层厚度不超过 30cm，边浇筑边振捣。

振捣方法要正确，不得漏振和过振，振捣时间也不宜过长，以免产生离析。为保证工程质量可采用二次振捣法，以减少表面气泡，即第一次在混凝土浇筑时振捣，第二次待混凝土静置一段时间后再振捣，而面层一般应在初振完成 0.5h 后进行第二次振捣压面收浆。

严格控制振捣时间和振动棒插入下一层混凝土的深度，保证深度在 5~10cm，而振捣时间以混凝土翻浆不再下沉和表面无气泡泛起为止。

饰面混凝土在普通结构混凝土验收标准的基础上，应遵循如下的质量标准：①轴线通直，尺寸准确；②棱角方正，线条顺直；③表面平整、清洁、色泽一致；④表面无明显气泡，无砂带和黑斑；⑤表面无蜂窝、麻面、裂纹和露筋现象；⑥模板接缝、对拉螺栓和施工缝预留设有规律性；⑦模板接缝与施工缝处无挂浆、漏浆。

饰面混凝土养护措施：

饰面混凝土的成品保护。后续工序施工时，要注意对饰面混凝土的保护，不得碰撞及污染混凝土表面；在混凝土交工前，用塑料薄膜保护外墙，以防污染，对易被碰触的部位及楼梯、预留洞口、柱、门边、阳角等处，拆模后可钉薄木条或粘贴硬塑料条加以保护。

2. 安全措施

坚持进行全员安全教育，不仅包括管理层的安全教育，尤其是对施工作业层的工人进一步强化安全教育，使全员树立牢固的安全、相互合作、协调和配合的意识，强化施工管理和操作的水平。

对现场的预留孔洞，必须进行封闭覆盖，在危险处边沿设置两道护身栏杆，并于夜间设红色标志灯。

各类施工脚手架严格按照脚手架安全技术防护标准和支架规范搭设，脚手架立网统一采用绿色密目网防护，密目网应绷拉平直，封闭严密。钢管脚手架不得使用严重锈蚀、弯曲、压扁或有裂纹的钢管。脚手架不得钢木混搭。

钢管脚手架的杆件连接必须使用合格的钢扣件，不得使用钢丝或其他材料绑扎。

脚手架必须按楼层与结构拉结牢固，拉结点垂直距离不得超过 4m，水平距离不得超过 6m。拉结所用的材料强度不得低于双股 8 号钢丝的强度。高大脚手架不得使用柔性材料进行拉结。在拉结处设可靠支顶。

脚手架的操作面必须满铺脚手板，离墙面不得大于 20cm，不得有空隙和探头板、飞跳板。施工层脚手板下一步架处兜设水平安全网。操作面外侧应设两道护身栏杆和一道挡脚板或设一道护身栏杆，立挂安全网，下口封严，防护高度应为1.5m。

特殊工种必须持证上岗，非专业电工不得进行接线及拆线工作。

模板立好后应进行临时固定，四级以上风力天气不得进行模板安装。

3. 环保措施

（1）饰面混凝土墙减少了抹灰工作量和混凝土剔凿量，减少了工地垃圾清运量，减少了运输遗撒。

（2）对施工中产生的建筑垃圾应进行分类，充分进行二次再利用。

（3）饰面混凝土是名副其实的绿色混凝土：混凝土结构不需要装饰，舍去了涂料、饰面等化工产品。

（4）有利于环保：清水混凝土结构一次成型，不剔凿修补、不抹灰，减少了大量建筑垃圾，有利于保护环境。

（5）夜间施工应注意噪声影响。

4.12　会展建筑机电安装联合支吊架施工技术

随着社会的不断发展变化，大型或超大型公建智能项目越来越多，特别对于机电安装工程，现在的公建公共区域管道越来越密集，常规做法主要考虑的是单一的各专业支吊架，如果每个系统每个专业都在同一段位置安装单独的支吊架，那就会出现支吊架密密麻麻、只见支吊架不见管道的情景，而且给一些专业安装造成很大的困难。因此，传统的各专业系统的单一支吊架施工工艺已逐渐不能适应新形势的需要，特别对于现代超大型公建项目的机电安装更显得力不从心，为适应经济和科学技术发展的形势，就得开发创新技术。因此，本技术在尽量满足设计及规范规定要求的情况下，尽可能地合理布置，节约安装空间，在适当的部位做一些必要的联合支吊架。

本施工技术结合福州海峡国际会展中心等工程的实际施工经验及各专业系统安装的特点，提出在大型机电安装管道集中处应用联合支吊架，并使联合支吊架施工既实用又美观。

特点：

联合支吊架设计安装，不仅能够有效增加安装空间，而且使整体更大气、观感度更好，对于管道密集的工程，可以最大限度地节约空间，满足用户的使用要求。

联合支吊架制作之前需对各专业系统的平面布置较熟悉，制作之前作一定的数据分析及计算，如何选取适当的型钢作支吊架，节省吊杆及支吊架，降低环境污染。

可以有效地节省劳动时间，提高工作效率，特别是在各专业分层明显且管道集中的位置，安装速度比传统安装快1～2倍。

节省投资，联合支吊架共用吊臂、横担，可以有效降低工程造价。

实用美观，联合支吊架成排并行安装，中间横平竖直，在大空间内显得尤为大气、壮观。

前景广阔，参照该工艺的施工原理，可以很好地解决走廊等部位的交叉打架问题。

可广泛应用在大型会展中心、交易中心、商场酒店以及办公写字楼等大型、特大型建筑中，适合强弱电管线并排、空调水管、消防水管、给水排水管道的安装，对于层高有特别要求以及对不吊顶部位的施工观感有要求的工程尤为适用。

4.12.1　工艺原理及流程

1. 工艺原理

联合支吊架主要是在机电综合深化布置图的基础上实现机电各专业共用一个支架，既符合规范要求又牢固美观，大大节约成本，而且弥补了设计维修空间不足的局面，同时也提高了观感度。

2. 工艺流程

机电综合图深化→布置联合支架→弹线定位→制作安装→检查调整。

4.12.2　施工操作要点

1. 工艺流程步骤

（1）先看机电综合管线布置图，查看需做联合支吊架的部位有哪些需安装的内容（管道、桥架、风管等）及其走向（图4-28）。

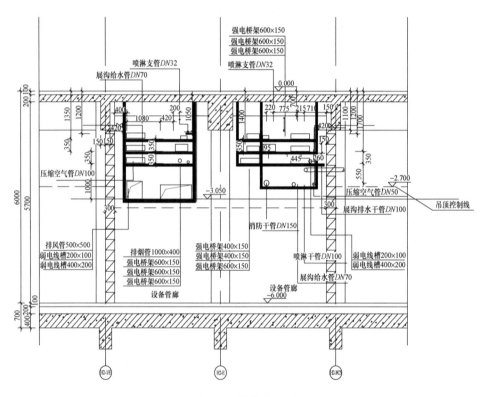

图 4-28　管线布置图

（2）根据现场情况，结合综合图，在需做联合支吊架的部位放线定位，以土建测量出的标准定位点为基准点，按同一平面往上标高度。主要是缩小综合图与现场实际的误差，及时发现一些误差较大的部位以便于调整。

（3）确认此部位做联合支吊架无疑问后，开始按图制作支吊架。联合支吊架制作一定得牢固可靠美观，不得有锈斑及变形。

（4）按放好线的部位安装支吊架，安装后支吊架一定得整齐（安装完后统一刷防锈漆）。

（5）安装完成并自检合格后请相关人员现场检查。

2. 深化设计

（1）设计综合布置图之前，先确定综合管线布置原则：垂直方向由上至下为强弱电桥架，给水排水管道，空调水、风管，遵循有压让无压、小管让大管，保证排水管排放坡度。

（2）各专业按层高的净高要求分层重新进行深化布置，并按施工图纸、相关图纸会审、相关专业图纸和施工规范要求进行局部深化布置。

（3）根据综合布置图，将安装在同一层深化后的各相关专业图纸叠加在一起，对交叉部位进行分析，在转弯、交叉部位留出位置，画出各专业穿插的剖面图。

（4）综合图出来后，再确定在适当的部位做联合支吊架，并画出其大样图，再要求各专业施工员根据联合支吊架的具体位置进行探讨，无问题后各专业按综合布置图调整的布局对各专业图进行改正、优化。

（5）在管道密集处做好联合支吊架后，对管道并排交叉少的局部位置可以做小的联合支吊架，如强弱电在一起做，消防水管、空调水管一起做。

（6）综合布置深化完毕，设计签字确认后出图。

3. 施工准备

（1）弹线定位

按照深化设计图纸将联合支吊架编号定位，根据现场实际情况找出联合支吊架的吊臂固定点位，然后以每道梁为间隔单独布置。如果是弧形状，从始端至终端以弧形梁为基准找好水平线或垂直线，用粉线袋沿墙壁、顶棚等处，沿线路的内侧边线弹线。严格按照设计图纸要求及施工验收规范规定，均匀划分支撑点间距，并用笔标出具体位置。

（2）支吊架制作与安装

1）根据现场放线尺寸，确定支吊架尺寸，后下料制作。

2）以直线段为准，若联合支吊架上同时有几层桥架，其他管道较少，联合支吊架应考虑以桥架位置为准，其他管道为辅（图 4-29）。

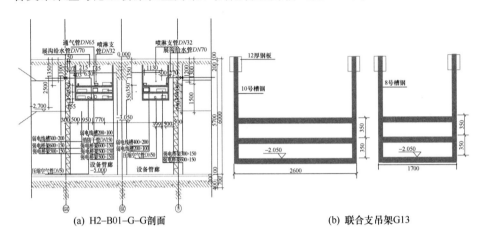

(a) H2–B01–G–G剖面　　　　　　　　　　(b) 联合支吊架G13

图 4-29　支吊架吊装

3）以直线段为准，若联合支吊架上有大的空调水管及其他管道，此时联合支吊架要考虑整体的承重力，支吊架可加厚，即用背靠背的方式焊接（图 4-30）。

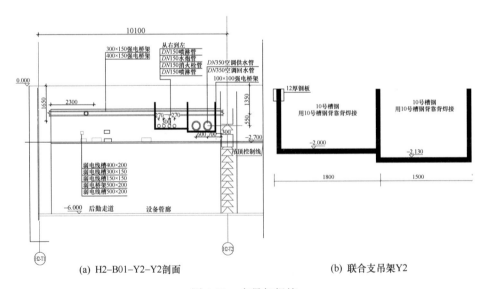

(a) H2–B01–Y2–Y2剖面　　　　　　　　　　(b) 联合支吊架Y2

图 4-30　支吊架焊接

4）固定支点间距按照梁的位置分布安装，联合支吊架基本以 6～9m 一个安装；在直线段和非直线段连接处、过建筑物变形缝处应保证桥架水平度或垂直度符合要求。

5）用 14 号膨胀螺栓固定，连接应紧固，防松零件要齐全（图 4-31）。

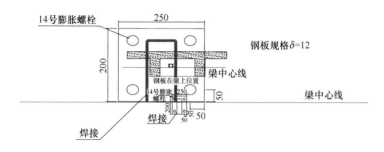

图 4-31　螺栓的固定

6）支吊架安装前，必须与各专业协调，避免与大口径消防管、喷淋管及空调、排风设备产生矛盾。

7）联合支吊架按综合图布置打好孔，以便管道等安装固定。联合支吊架安装上去的金属管道及桥架全长应不少于两处与接地（PE）或接零线连接。

8）支架与吊架所用钢材应平直，无扭曲。下料后长短偏差应在 500mm 范围内，切口外应无卷边、毛刺。支架与吊架焊接牢固，无变形，焊缝均匀、平整，焊缝长度应符合要求，不得出现裂缝、咬边、气孔、凹陷、漏焊等缺陷。出于安全考虑每个专业在联合支吊架处还可能增加专业支吊架，间距应均匀。

4.12.3　保证措施

1. 质量标准及要求

（1）支架与吊架安装要求

支架与吊架所用钢材应平直，无显著扭曲。下料后长短偏差应在 5mm 范围内，切口处应无卷边、毛刺。钢支架与吊架应焊接牢固，无显著变形，焊缝均匀平整，焊缝长度应符合要求，不得出现裂纹、咬边、气孔、凹陷、漏焊等缺陷。支架与吊架应安装牢固，保证横平竖直，在有坡度的建筑物上安装支架与吊架应与建筑物有相同坡度。

（2）金属膨胀螺栓安装要求

钻孔直径的误差不得超过－0.3～＋0.5mm；深度误差不得超过＋3mm；钻孔后应将孔内残存的碎屑清除干净。螺栓固定后，其头部偏斜值不应大于2mm。螺栓及套管的质量应符合产品的技术条件。

联合支吊架应固定牢靠，横平竖直，弧度一致，布置合理，盖板无翘角，接口严密整齐；单个支吊架应布置合理，固定牢固、平整。

联合支吊架穿过梁、墙、楼板等处时，不应被抹死在建筑物上。

联合支吊架安装完毕后，应及时清理杂物。

各水平相邻联合支吊架形式一致，外表美观大方。

联合支、吊架牢固可靠，膨胀螺栓位置应正确，埋入部分应去除油污，并不得涂漆。在梁上或楼板上打膨胀螺栓时，要注意冲击电锤要上限位卡，打入梁中或楼板中不得超过8cm，以防损坏预应力钢筋；用膨胀螺栓固定支、吊架时，应能符合膨胀螺栓使用技术条件的规定。

支、吊架的形式应符合设计规定及规范要求。

所有制作吊架及支座的材料应涂上底漆及保护漆。

（3）质量通病的处理

支架与吊架固定不牢，主要原因是金属膨胀螺栓的螺母未拧紧，或者是焊接部位开焊，应及时将螺栓上的螺母拧紧，将开焊处重新焊牢。金属膨胀螺栓固定不牢，或吃墙过深或出墙过多，钻孔偏差过大造成松动，应及时修复。

支吊架的焊接处要求作防腐处理，应及时补刷遗漏处的防锈漆。

2. 环境安全措施

建立健全的安全组织机构、安全保证体系及安全责任制，从组织上、制度上保证安全生产，要坚持检查抓效益必须管安全的原则，做到规范生产、安全操作。

所有施工机械设备使用时须有专职人员进行检查，必要的试验和维修保养，确保状态良好。

施工技术工种人员必须经过培训，并经考核取得合格证书后，持证上岗，杜绝违章作业。

施工人员应自觉遵守安全生产制度，严禁违章作业，进入施工现场必须戴安全帽；高空作业必须系好安全带，并不准往下或往上乱扔材料、工具等；严禁酒后作业，严禁穿拖鞋及光脚、穿背心进入现场。

电动工具必须使用三芯电缆，线路应架空，且绝缘层不得有破损。支架焊接时，施工区配置专用灭火器，油漆存放区与加工场地应严格分开。

高空作业：尤其是超高层安装时，应搭设操作平台，在操作平台上进行施工；且应配备安全带，下部派专人监护，严禁上下抛物，防止高空坠落，物体打击。攀登作业时，使用梯子：不得有缺档，因其极易导致失足，尤其对过重或较弱的人员危险性更大；梯脚底部除须坚固外，还须采取包紧、钉胶皮、锚固或夹牢等措施，以防滑跌摔倒；上下梯子时，必须面向梯子，且不得手持器物。

联合支吊架安装时，其下方不应有人停留。电动工具应安排专人负责施工。

使用梯子靠在柱子上工作，顶端应绑牢固，使用人字梯必须牢固，距梯脚 $40\sim60cm$ 处要设拉绳，拉绳应采用钢丝绳，不准站在梯子最上一层工作，梯凳上禁止放工具、材料，上下梯子一定要看准梯凳、扶牢把手，严禁脱手上下。

施工现场要防机械设备伤害，使用机械设备时应严格按照设备使用管理规定和操作规程，电气设备、电动工具要有可靠的保护接地（接零）措施，设备使用前应检查线路的完好性，使用完毕后要及时断闸。

要经常检查小型机电设备的运行情况，不准带病运行，无齿锯防护罩要完整，紧固牢固，物件要夹持牢固。使用电锤等小型机电设备在建（构）筑物上钻孔，操作工人应佩戴口罩、耳塞和防护眼镜，防止噪声伤耳以及粉尘、扬尘吸入体内。

3. 环保措施

施工作业面保持整洁，严禁将建筑施工垃圾随意抛弃，做到文明施工，工完场清，定点堆放。

施工用电不得随意乱接，应按临时用电要求进行搭接。

施工用料应做到长材不短用，加强材料回收利用，节约材料。

尽量使用低噪声的施工作业设施，无法避免噪声的施工设备，则应对其采取噪声隔离措施。

现场使用的粘结材料和油漆制品尽量使用具有环保标志产品，同时施工时应保证通风良好，并且施工人员要戴好防护口罩。

5 工 程 案 例

5.1 福州海峡国际会展中心

福州海峡国际会展中心位于福州市仓山区，是国内唯一坐落在自贸区内的大型会展中心，占地 67 万 m²，总建筑面积 44 万 m²，由会议中心连接两侧展馆组成，气势恢弘、造型独特，是国内单体面积最大的展馆之一。

展览中心建筑面积 35.4 万 m²，由东西两侧四个展馆组成，净展厅面积 12 万 m²，共有室内一层展厅 10 个，可设近 6000 个国际标准展位。

会展中心各种配套设施齐全，设有 1400 个停车位，以及商务办公楼、服务区、餐饮区、地下商场、会展广场等设施（图 5-1）。

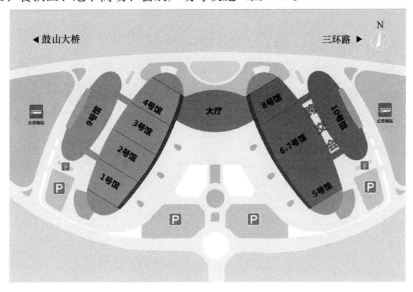

图 5-1　福州海峡国际会展中心

该会展建筑应用的关键技术：大型复杂建筑群主轴线相关性控制施工技术、大面积钢筋混凝土地面无缝施工技术、大面积钢结构整体提升技术、钢骨架玻璃幕墙设计施工技术、可开启式天窗施工技术。

该会展建筑应用的专项技术：复杂空间钢结构高空原位散件拼装技术、大面积金属屋面安装技术、大面积承重耐磨地面施工技术。

5.2 广州国际会议展览中心

广州国际会议展览中心工程分两期建设。一期工程总用地面积 43 万 m²，建筑占地面积 12.8 万 m²，建筑面积 39.49 万 m²，主体建设高 40m，拥有三层 16 个标准展厅，3m×3m 标准展位 10200 个，室外展场 2.19 万 m²，已于 2002 年 1 月交付使用。二期是配套部分。广州国际会议展览中心总建筑面积超过 70 万 m²（图 5-2）。

图 5-2 广州国际会议展览中心

应用的关键技术：大跨度空间钢结构累积滑移技术。

5.3 郑州国际会展中心

郑州国际会展中心是郑州市中央商务区三大标志性建筑之一，主体为钢筋结构，屋面为桅杆悬索斜拉钢结构。主体由会议中心和展览中心两部分组成，建筑面积 22.76 万 m^2，可租用室内面积占 7.4 万 m^2。是集会议、展览、文娱活动、招待会、餐饮和旅游观光于一体的大型展览设施（图 5-3）。

图 5-3　郑州国际会展中心

应用的关键技术：大跨度钢结构旋转滑移施工技术。

5.4 深圳会展中心

深圳会展中心是集展览、会议、商务、餐饮、娱乐等多种功能于一体的超大型公共建筑，由深圳市政府投资兴建，德国 GMP 公司设计，总投资 32 亿元人民币。

会展中心总建筑面积 28 万 m^2，东西长 540m，南北宽 282m，总高 60m，地上 6 层，地下 3 层。

深圳会展中心是深圳市最大的单体建筑，是钢结构与玻璃穹顶及幕墙的结合（图 5-4）。

图 5-4　深圳会展中心

应用的专项技术：大面积金属屋面安装技术。

5.5　南宁国际会展中心

南宁国际会展中心位于广西壮族自治区首府南宁市发展迅速的青秀区中心地带，占地约 615 亩，建筑面积约 64 万 m^2，室内展览面积 9.2 万 m^2，可搭建 5529 个国际标准展位。

设有两个大型多功能厅（即金桂花厅、朱槿花厅），有 18 个不同规格的展厅及 18 个不同规格的会议厅（室）和新闻中心。南宁国际会展中心于 2018 年完成了升级改造工程后，在展览面积、配套功能、服务设施、车辆停放、智能化建设等基础设施方面得到全面提升（图 5-5）。

应用的专项技术：穹顶钢—索膜结构安装施工技术。

图 5-5　南宁国际会展中心

5.6　武汉国际博览中心

武汉国际博览中心展览面积 18 万 m^2，相当于 17 个足球场大，可承接国际国内大型展览，如 BSV 液晶拼接屏展、教育装备展、汽车展览、会议等活动。

展馆由 12 个 117m×72m 的矩形场馆和 10 个梯形连接体围合而成，可提供 6880 个国际标准展位，展馆内部采用无柱设计，室内净高达 17.5m，用滑动移门进行分隔。从西向东依次分为会展、会议和酒店三大区域（图 5-6）。

应用的专项技术：大面积承重耐磨地面施工技术。

图 5-6　武汉国际博览中心